FACHWISSEN FEUERWEHR

Zimmermann

EINSATZ VON SPANNUNGSWARNERN

für Überflutungslagen und erweiterte Einsatzbereiche

Bibliografische Informationen der deutschen Nationalbibliothek

Die Deutsche Nationalbibliothek verzeichnet diese Publikation in der Deutschen Nationalbibliografie; detaillierte bibliografische Daten sind im Internet über http://www.dnb.de abrufbar.

Bei der Herstellung des Werkes haben wir uns zukunftsbewusst für umweltverträgliche und wiederverwertbare Materialien entschieden. Der Inhalt ist auf chlorfrei gebleichtes Papier gedruckt.

Aus Gründen der besseren Lesbarkeit wird in diesem Werk die Sprachform des generischen Maskulinums angewendet. Es wird darauf hingewiesen, dass die ausschließliche Verwendung der männlichen Form geschlechtsunabhängig zu sehen ist.

ISBN 978-3-609-69227-2

E-Mail: kundenservice@ecomed-storck.de

Telefon: 089/2183-7922
Telefax: 089/2183-7620

Nachweis der Titelbilder:
Thomas Zimmermann
Oben links: ecomed SICHERHEIT

Satz: Fotosatz Pfeifer, 82152 Krailling
Druck: CPI books GmbH, 25917 Leck

Vorwort

Die Anforderungen an die Angehörigen der Feuerwehren haben sich im Laufe der letzten Jahre erheblich verändert. Genügten früher die Kenntnisse der normalen Brandbekämpfung, müssen heute selbst kleinere Feuerwehren die unterschiedlichsten Notlagen meistern können, um in Not geratene Menschen oder Tiere zu retten, Sachwerte zu erhalten und die Umwelt vor Schaden zu bewahren.

Dies ist jedoch nur möglich, wenn für alle Feuerwehrangehörigen eine umfassende und wirksame Aus- und Weiterbildung durchgeführt wird. Diese Forderung steht jedoch dem Problem gegenüber, dass diese Aus- und Weiterbildung von den meist freiwillig tätigen Angehörigen der Feuerwehren zusätzlich zu den immer weiter steigenden Anforderungen in deren Berufsleben und den vielfältigen Verpflichtungen im privaten oder familiären Bereich geleistet werden muss. Letztlich liegt es an jedem Feuerwehrangehörigen selbst, ob und in welchem Umfang er bereit ist, sich durch eine regelmäßige und aktive Teilnahme an der angebotenen Aus- und Weiterbildung den gesteigerten Anforderungen der Feuerwehr zu stellen.

Das Ziel der Broschürenreihe „Fachwissen Feuerwehr“ besteht darin, die Feuerwehrangehörigen mit dem Wissen auszustatten, das in der heutigen Zeit erforderlich ist, um aufgabengerecht und wirkungsvoll tätig zu werden.

Elektrischer Strom stellt nicht nur für Einsatzkräfte eine potenzielle Gefahr dar. Er ist unsichtbar, geruchsneutral und ein unbeabsichtigtes Aufeinandertreffen zwischen ihm und einem Lebewesen endet oftmals tödlich. Seit 1986 existiert in allen einschlägigen Dienstvorschriften, Unfallverhütungs- und Arbeitsschutzrichtlinien der Passus „[...] sind vor elektrischem Stromschlag und Körperdurchströmung zu schützen“. Ein weiterer Passus beinhaltet die Anweisung zum „Feststellen der Spannungsfreiheit“. Dies betrifft vor allem Situationen, in denen eine gefährliche elektrische Spannung nicht völlig ausgeschlossen werden kann, wie z.B. bei Überflutungslagen.

Zur damaligen Zeit waren diese Hinweise in den Vorschriften gut gemeint, man hatte das Problem und die Gefahr erkannt. Aber aufgrund fehlender

Arbeitsanweisungen und auch entsprechend geeigneter Geräte waren sie leider nicht so einfach bzw. überhaupt nicht durchführbar.

Seit einigen Jahren gibt es nun geeignete Geräte, mit denen gefährliche elektrische Spannung sicher aufgespürt und angezeigt werden kann: Spannungswarner. Die Beschaffenheit dieser Geräte und auch die Anwendung bei Überflutungslagen sind im Prüfgrundsatz der DGUV GS-ET-43 (2021-03) beschrieben.

Seit geraumer Zeit stellen nicht ausschließlich Überflutungslagen die Einsatzkräfte vor große Herausforderungen in Bezug auf gefährliche elektrische Spannung – mit der Entwicklung von E-Fahrzeugen, HV- und Hybridantrieben ergaben sich diesbezüglich weitere Einsatzbereiche. Naturgemäß wachsen mit den Aufgaben auch zunehmend Unsicherheiten hinsichtlich deren Bewältigung heran, speziell was die damit verbundenen elektrischen Gefahren an der Einsatzstelle angeht.

Neue Technologien bedürfen neuer Herangehensweisen und Arbeitsanweisungen. Diese Broschüre ist das Standardwerk für die Anwendung von Spannungswarnern für Überflutungslagen (nach GS-ET-43). Sie beschäftigt sich mit den speziellen Eigenschaften dieser Geräte – sowohl bei Überflutungslagen als auch für erweiterte Einsatzbereiche, beispielsweise das Antasten von HV-Fahrzeugen, festen leitfähigen Objekten und Abtasten eines Spannungstrichters. Auf detaillierte, in Formeln und Gleichungen aufgelöste Ausführungen, Zahlenwerte und ingenieursmäßige Auslassungen wird bewusst verzichtet. Dies sind bekannte Größen, die in anderen Werken ausführlich beschrieben sind.

Der VDE-Ausschuss „Sicherheits- und Unfallforschung“ hat auf seiner Sitzung am 18.01.2022 ausdrücklich den Sicherheitsgewinn eines solchen Geräts herausgestellt. Unter den beschriebenen Voraussetzungen können die nach dem Prüfgrundsatz GT-ES-43 geprüften Spannungswarner für überflutete Bereiche sicher eingesetzt werden.

Spannungswarner für Überflutungslagen (nach GS-ET-43) sind ein großer Sicherheitsgewinn, deren Verwendung alle zuständigen Gremien erlauben.

Niederzier, April 2024 Thomas Zimmermann

Inhalt

1 Einleitung

Elektrische Gefahren existieren an nahezu jedem Einsatzort. Auch im und unter Wasser. Unfälle durch Stromschläge und eine entsprechende Gefährdung für die Einsatzkräfte sollen natürlich vermieden werden, aber wie?

Leider werden die meisten Stromunfälle bei Einsatzkräften nicht gemeldet oder dokumentiert, da die Schwere des Unfalls oft als zu gering wahrgenommen wird. Die Erklärungen zum Hergang, zu erstellende Berichte und die Befürchtung negativer dienstlicher Maßnahmen sind oft sehr groß und die Missachtung (auch aus Unwissenheit) der vorgeschriebenen Anweisungen zum Umgang mit Personen nach einem Stromunfall scheint die „bessere Lösung" zu sein.

Die Hauptgründe für Stromunfälle gleichen sich von Jahr zu Jahr. Unbewusstes Arbeiten unter Spannung durch nachlässiges Abarbeiten bzw. der Umgang mit dem Risiko, welches sich durch Unterlassen von „Freischalten" und „Spannungsfreiheit feststellen" stark erhöht.

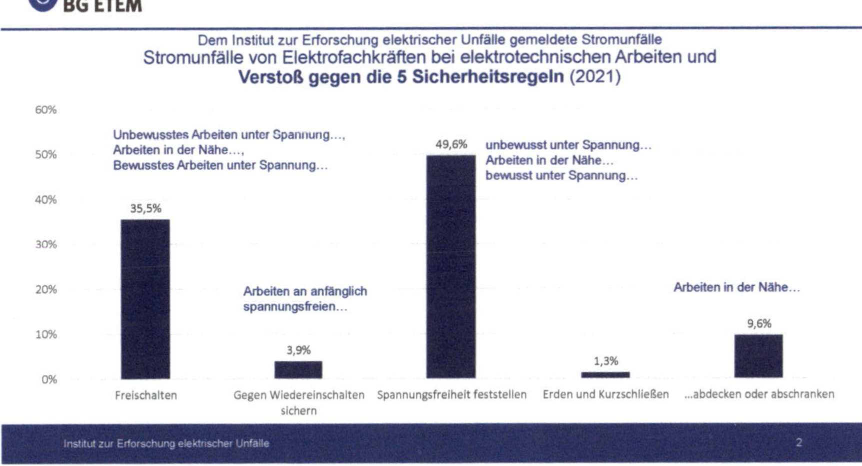

Abbildung 1: Verstoß gegen die 5 Sicherheitsregeln, 2021 (Quelle: BG-ETEM)

In der Statistik der BG ETEM und der DGUV zu Stromunfällen ist so gut wie kein Fall bei Einsatzkräften bekannt. Ausgenommen natürlich die Unfälle, die medial verbreitet wurden.

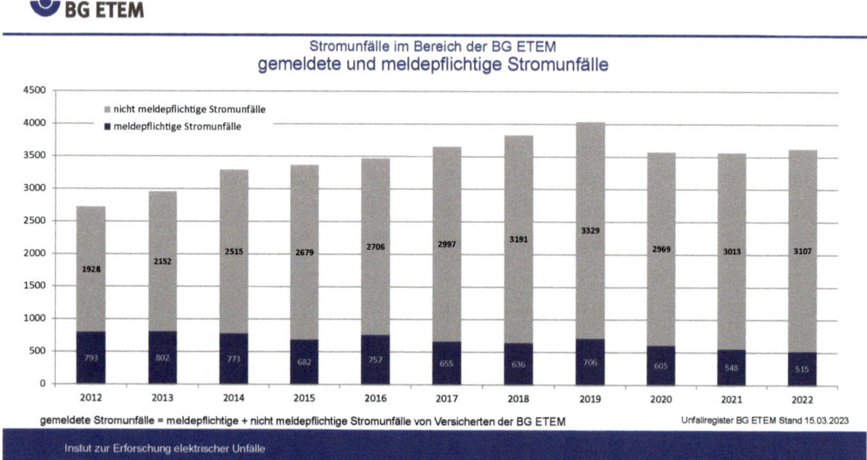

Abbildung 2: Unfallregister BG ETEM, Stand 15.03.2023 (Quelle: BG ETEM)

Die Statistik zeigt trotzdem ein genaues Abbild der tatsächlich passierten Unfälle und deren Ursachen – mit Ausnahme derjenigen der Einsatzkräfte, die in der Dunkelziffer wesentlich höher sind. Wie kann das sein?

Das herauszufinden ist einfach. Die an eine Gruppe gestellte Frage: „Wer hat schon einmal einen Stromschlag bekommen?“ im direkten Vergleich mit der Anschlussfrage „Und wer von den Betroffenen hat sich in die ärztliche 24-Stunden-Überwachung begeben?“ beantwortet die Frage zum Verhältnis ziemlich genau. Es beträgt in etwa 30:1. Das heißt im Umkehrschluss, dass jede 30. Einsatzkraft schon einmal im Dienst Strom „gespürt“ hat, dies aber nicht weiter behandelt oder untersucht wurde.

In den einschlägigen Vorschriften für alle Einsatzkräfte finden sich vor allem problemorientierte Aussagen und Hinweise auf die grundsätzliche Gefahrenlage – speziell bei Überflutungslagen.

Es existieren darüber hinaus aber seit 2021 sowohl Handlungsempfehlungen als auch Anweisungen, die lösungsorientiert sind. Hierbei wird auf eine neue Technologie und neue Geräte „Spannungswarner für überflutete Bereiche“ eingegangen. Diese Geräte besitzen Einsatztauglichkeit und sind nach der notwendigen „Bauausführungsvorschrift“, dem Prüfgrundsatz der DGUV (GS-ET-43, 03-2021), gefertigt.

Aus der Historie lässt sich erkennen, dass die Gefahr einer elektrischen Körperdurchströmung schon sehr früh bekannt war. Doch ab wann genau passiert etwas im Körper und warum schützen die bekannten Sicherungseinrichtungen bei Überflutungslagen nicht?

Warum lösen Sicherungen und RCDs erst aus, wenn bereits potenziell tödlicher Strom im Wasser fließt? Das gilt natürlich ausschließlich für Spannung/ Strom in Wasser – bei Havarie, Überschwemmung und Überflutung! Bereits geringe Ströme können tödlich sein, vor allem im Wasser. Übrigens: Meistens als „FI“ bezeichnet – ist die richtige Bezeichnung des Fehlerstrom-Schutzschalters „RCD“ – „Residual Current Device“! All diese Fragen werden in den folgenden Kapiteln beantwortet.

Die elektrischen Gefahren bei Überflutungslagen, unabhängig von der Einsatzgruppe und der BOS-Zugehörigkeit, werden betrachtet, ebenso wird ausgiebig auf die korrekte Anwendung von Spannungswarnern für Überflutungslagen eingegangen. Nicht der Aufbau oder Hergang bzw. der Grund („das müsste aber“ oder „hätte, könnte, sollte“) einer Gefahrenlage steht im Vordergrund, sondern rein lösungsorientierte Hinweise und Empfehlungen werden gegeben.

Die Anwendung eines Spannungswarners ersetzt nicht die Pflicht zur Einhaltung der bekannten Einsatzvorschriften, Taktik oder Sicherheitsregeln. Er ist ein zusätzliches Einsatzmittel und ergänzt sie!

2 Rechtliche Grundlagen

Neue Technologien bzw. ein neuer Stand der Technik sind oft Anlass für Diskussionen rund um die Sinnhaftigkeit der Sache. Obwohl die ständige Weiterentwicklung von Technologien von deren Anwendern oft sehr kritisch betrachtet wird, so ist sie doch auch bereits im Arbeitsschutzgesetz verankert. Das „Einpflegen“ vom neuesten Stand der Technik und alle sich daraus ergebenden weiteren Grundsätze und Bedingungen werden vom „Ausschuss für Sicherheit und Gesundheit bei der Arbeit“ der Bundesanstalt für Arbeitsschutz und Arbeitsmedizin festgelegt und in die Sparten verteilt.

Die DGUV sowie die BG ETEM erstellen für Geräte die Prüfgrundsätze, die durchaus Gesetzescharakter besitzen. Geräte und Arbeitsmittel müssen diesen Prüfgrundsätzen entsprechen. Normenwesen spielt rechtlich eine eher untergeordnete Rolle, wird aber zur fachlichen Empfehlung, Vorlage und auch technischer „Bauanleitung“ für Prüfgrundsätze herangezogen. Im Zweifelsfall gilt allerdings, was DGUV, BG ETEM, die Unfallkassen der Länder und der Gesetzgeber selbst sagen.

Der Prüfgrundsatz GS-ET-43

Zur Verfügung stehende Technologien im Arbeitsschutz sollen nicht nur – sie müssen angewendet werden, sobald sie sicher und verfügbar sind. Spannungswarner für Überflutungslagen nach GS-ET-43 gehören dazu.

Der Prüfgrundsatz enthält Anforderungen und Prüfungen für den Nachweis, dass zweipolige Spannungswarner für überflutete Bereiche zuverlässig funktionieren und zur Sicherheit der Anwender beitragen. Natürlich vorausgesetzt, sie werden von speziell hierfür geschulten und unterwiesenen Personen (autorisierten Personen) in sicheren Arbeitsverfahren entsprechend den örtlichen oder nationalen Vorschriften verwendet bzw. angewendet.

2.1 DGUV Information 205-010 – Abschnitt C24

Sicherer Einsatz im Bereich elektrischer Anlagen – Grundregeln zum sicheren Einsatz im Bereich elektrischer Anlagen

Fachbereich: Feuerwehren, Hilfeleistungen, Brandschutz

Sachgebiet: Feuerwehren und Hilfeleistungsorganisationen

Die DGUV Information enthält umfangreiche Angaben zur Einsatztaktik und entsprechende Verhaltensregeln.

2.2 DGUV Information 203-052 – Modul 4

Elektrische Gefahren an der Einsatzstelle – Verhalten an der Einsatzstelle

Modul 4: Überflutete elektrische Anlagen

Das Standardwerk für Einsatzkräfte über elektrische Gefahren an der Einsatzstelle. Eine aktualisierte Neuauflage ist (lt. Webseite DGUV) für 2024 geplant.

2.3 GS-ET-43

Grundsätze für die Prüfung und Zertifizierung von zweipoligen Spannungswarnern für überflutete Bereiche

Dieser Prüfgrundsatz wird, den neuesten Erkenntnissen auf dem Gebiet der Arbeitssicherheit und dem technischen Fortschritt folgend, von Zeit zu Zeit überarbeitet und ergänzt. Für die Prüfung durch die Prüf- und Zertifizierungsstelle Elektrotechnik im Fachbereich Energie Textil Elektro Medienerzeugnisse ist stets die neueste Ausgabe verbindlich. (Zitat: BG-ETEM DGUV GS-ET-43)

Der Prüfgrundsatz beschreibt detailliert, wie zweipolige Spannungswarner für Überflutungslagen beschaffen sein müssen. Er enthält tiefgehende und sehr genaue Beschreibungen der dazugehörigen Test- und Prüfverfahren.

Alle einschlägigen Normen, die die Bauweise eines Spannungswarners betreffen und als Grundlage dienen, sind als Verweise enthalten.

Der Prüfgrundsatz beschreibt im Detail, worin die Unterschiede zwischen Spannungswarnern und Spannungsprüfern bestehen. Sie sind – vereinfacht gesagt – im Vergleich so unterschiedlich wie Zugfedern und Druckfedern, die zwar beide Federn sind, aber grundsätzlich sehr unterschiedlich in Verwendungszweck und Anwendung.

Hieraus geht eindeutig hervor, warum die Anwendungs- und Verhaltensregeln zur Anwendung von Spannungsprüfern nicht alle einfach auf Spannungswarner übertragbar sind.

2.4 Nicht mehr zulässige Geräte

Manchmal noch zu finden oder sogar bei Überflutungslagen im Einsatz:

Der „Delsar AC Hotstick" und der „Fischer FW 3000".

Beide Geräte sind allerdings für diese Anwendung nicht (mehr) zulässig. Die Gründe dafür sind einleuchtend: Viel zu hohe Ansprechspannung im Wechselspannungsbereich (>40 Volt AC) und gar keine Empfindlichkeit bei Gleichspannung. Diese Geräte sind bauartbedingt nicht geeignet, um gefährliche elektrische Spannung im Wasser bei Überflutungslagen sicher und rechtzeitig zu erkennen.

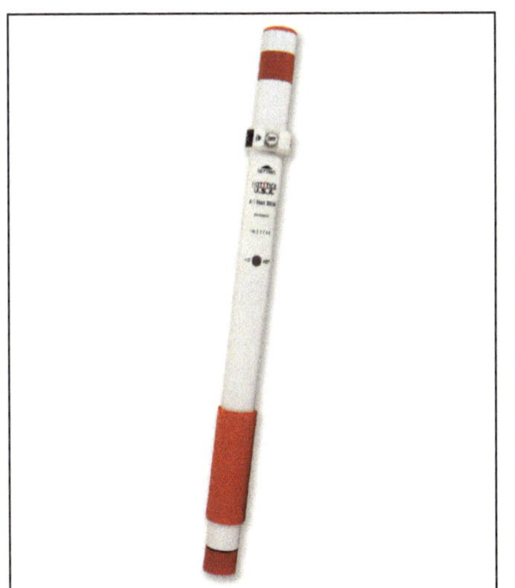

Abbildung 3: Delsar Hotstick (Quelle: Thomas Zimmermann)

Abbildung 4: Fischer FW 3000 (Quelle: Thomas Zimmermann)

Achtung: Diese Geräte erkennen keine Gleichspannung und reagieren bei Wechselspannung viel zu spät! Generell dürfen keine einpoligen Spannungsprüfer verwendet werden. Ebenso sind einpolige Phasenprüfer und kapazitive Spannungsprüfer nicht zulässig!

2.5 Das Dilemma „Messen oder raten?“

Hin- und hergerissen kann man schon sein, wenn es darum geht, im Einsatz zu entscheiden, ob und wie festgestellt werden soll, ob elektrische Spannung im Wasser vorhanden ist.

Noch dazu in einem zeitkritischen Einsatz, bei dem es eventuell sogar um Menschenrettung geht. Aber – Eigensicherung geht immer vor.

Eigentumssicherung allein wird den Einsatz nicht zeitkritisch machen, ein zügiges Abarbeiten des Einsatzes ist aber trotzdem gewünscht.

Vorschriften aus Feuerwehr, DIN, VDE, DGUV, BG ETEM (u.v.m.) sehen seit vielen Jahren vor, dass „die gefährliche elektrische Körperdurchströmung“ in jedem Fall vermieden werden muss.

Genau dafür wurden Spannungswarner für Überflutungslagen entwickelt.

Die Frage nach der „Fachkraft vor Ort“ kann mit der Anwendung eines Spannungswarners, der von Laien bedienbar ist, entfallen. Und – nur mit einem Spannungswarner nach GS-ET-43 ist das bei Überflutungslagen möglich!

Wer also lieber „rät“ und aus dem äußeren Eindruck einer Überflutungslage eine Gefährdung ableitet bzw. beurteilt, als einen Spannungswarner anzuwenden, handelt sträflich und fahrlässig den Einsatzkräften gegenüber.

Im Rahmen ihrer Verantwortung wird die Einsatzleitung schlussendlich dann auch die Haftung für alle Folgen übernehmen und Fragen beantworten müssen.

2.6 Selbstkontrolle und Testfragen

(Lösungen siehe Seite 102)

1. Welche „Vorschrift“ umfasst die Spannungswarner?

a) DGUV Vorschrift 49.
b) DGUV I 203-052 „Elektrische Gefahren an der Einsatzstelle“.
c) DGUV GS-ET-43 „Prüfgrundsatz“.
d) DGUV I 205-010 „Sicherer Einsatz im Bereich elektrischer Anlagen“.

2. Warum müssen Spannungswarner eingesetzt werden?

a) Weil es sie bereits gibt auf dem Markt.
b) Weil die DGUV den Einsatz vorschreibt.
c) Weil die Bundesanstalt für Arbeitsschutz und Arbeitsmedizin den Einsatz vorschreibt.
d) Weil alle arbeitsschutzrechtlichen Vorschriften die „Eigensicherung“ und den Schutz von Personal vorschreiben.

3. Was ist, wenn Spannungswarner am Einsatzort nicht eingesetzt werden, obwohl sie verfügbar sind?

a) Es liegt ein Verstoß gegen die Einsatzregeln vor.
b) Es liegt ein Verstoß gegen das Arbeitsschutzgesetz vor.
c) Es liegt fahrlässiges Handeln vor.
d) Es passiert nichts – es liegt kein fahrlässiges Handeln vor.

3 Elektrische Gefahren

Laut Statistik der BG ETEM liegt der Anteil tödlicher Stromunfälle, bezogen auf die meldepflichtigen Stromunfälle etwa 20-mal höher als der Anteil tödlicher Arbeitsunfälle, bezogen auf alle meldepflichtigen Arbeitsunfälle insgesamt. Darum ist es besonders wichtig, Stromunfällen mit technischen, organisatorischen und personellen Maßnahmen gezielt vorzubeugen (TOP-Prinzip).

Elektrische Gefahren können grundsätzlich von allen stromführenden Leitungen und elektrischen Anlagen ausgehen. Diese Gefahren sind in der Gefährdungsbeurteilung zu berücksichtigen und entsprechende Schutzmaßnahmen zu ergreifen bzw. festzulegen.

Von einer erhöhten elektrischen Gefährdung spricht man z.B. in Bereichen mit begrenzter Bewegungsfreiheit, etwa aufgrund räumlicher Enge, raumbedingter Zwangshaltung sowie in leitfähiger, feuchter oder nasser Umgebung. Dies gilt ganz besonders aber in Umgebungen, die „klassisch" im Einsatz vorkommen wie vollständig oder teilweise zerstörte, brennende und überflutete elektrische Anlagen.

Die Gefährdungslage erhöht sich noch, wenn mehrere Punkte zusammenkommen. Ein überfluteter Keller beispielsweise, in dem sich stromführende Leitungen an der Decke und im Wasser befinden, der Hausanschluss bereits überflutet ist und trotzdem noch das Licht brennt. Um mit genau diesen Gefährdungslagen besser umgehen zu können, wurden die Spannungswarner nach GS-ET-43 entwickelt. Sie können den technischen Teil des TOP-Prinzips abdecken und warnen vor gefährlicher elektrischer Spannung im Wasser.

Gemäß § 4 Arbeitsschutzgesetz müssen Gefahren immer direkt an der Quelle beseitigt oder entschärft werden.

Das TOP-Prinzip ist eine Maßnahmenhierarchie im Arbeitsschutz: Technisch – Organisatorisch – Persönlich.

3.1 Gefahren des elektrischen Stroms

Elektrischer Strom ist nicht sichtbar oder hörbar.

Millisekunden Kontakt genügen, um schwere Verletzungen zu verursachen.

Elektrischer Strom ist eine potenziell tödliche Gefahr!

In der Elektrotechnik wird von Wechselspannung und Gleichspannung gesprochen. Ein entsprechendes „Kürzel“ gibt Auskunft darüber, worum es sich handelt.

AC = Wechselspannung bzw. Wechselstrom:

Der Strom wechselt die Richtung. Die Abkürzung AC steht für „Alternating Current“.

DC = Gleichspannung bzw. Gleichstrom:

Der Strom läuft in die gleiche Richtung. Die Abkürzung DC steht für „Direct Current“.

3.1.1 Das generelle Risiko

Spätfolgen: Auch scheinbar harmlose elektrische Körperdurchströmungen (Stromschläge) können noch nach Stunden zu Herzkammerflimmern oder schweren gesundheitlichen Schäden führen.

Daraus folgt: Jeder Stromunfall muss ärztlich untersucht werden! 24 Stunden Überwachung der Vitalfunktionen im Krankenhaus!

3.1.2 Wirkung des elektrischen Stroms auf den Körper

Die Wirkung des elektrischen Stroms auf den menschlichen Körper ist im Wasser viel stärker als „auf dem Trockenen“. Eine wesentlich größere Kontaktfläche bietet im Wasser naturgemäß auch einen kleineren Übergangswiderstand für den Strom, der fließen „will“.

Bekannte Grenz- und Erfahrungswerte sowie zulässige Berührungsspannungen für Gleich- und Wechselspannung gelten hier (im Wasser) nicht!

Umgekehrt ist die eventuell im Wasser vorhandene Spannung so lange kein Problem, wie der Mensch keinen Kontakt zur Erde hat – er ist im Schwebezustand und/oder ohne Erdverbindung (z.B. Schwimmer und Taucher, oder stehend mit den Füßen beieinander) quasi „der Vogel auf der Hochspannungsleitung". In der Praxis ist also schon die Rettungsleine eines Tauchers oder das Berühren eines Gegenstands, der Wand oder der Decke eine potenzielle Gefahr!

Bereits ab einer Stromstärke von 3,5 mA bei einer Spannung von 230 Volt AC wird es für eine Person im Wasser lebensgefährlich.

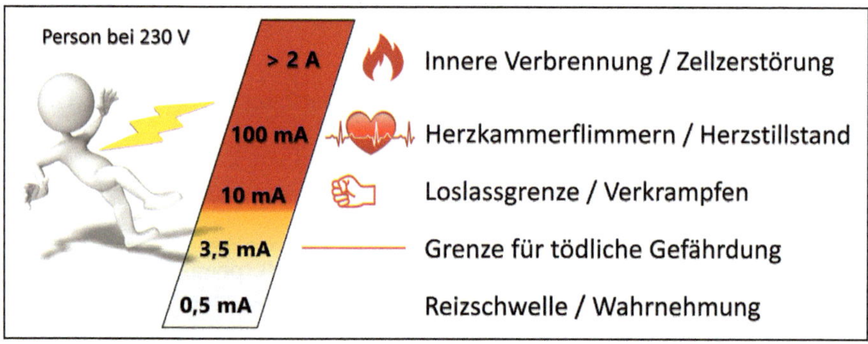

Abbildung 5: Körperliche Auswirkungen unterschiedlich hoher Stromstärken – Strom, Höhe, Wirkung (Quelle: Thomas Zimmermann)

Der Faktor Zeit

Die Dauer der Wirkzeit des elektrischen Stroms auf den Körper ist neben der Spannungshöhe eine entscheidende Größe. Je länger der Strom auf den Körper wirken kann, desto höher ist die Wirkung und der pathologische Schaden.

In der Grafik wird sichtbar, dass z.B. ein Betreten von unter 230 Volt AC-Spannung stehendem Wasser bereits innerhalb von zwei Sekunden lebensgefährlich wird, auch wenn nur 20 mA Strom fließen!

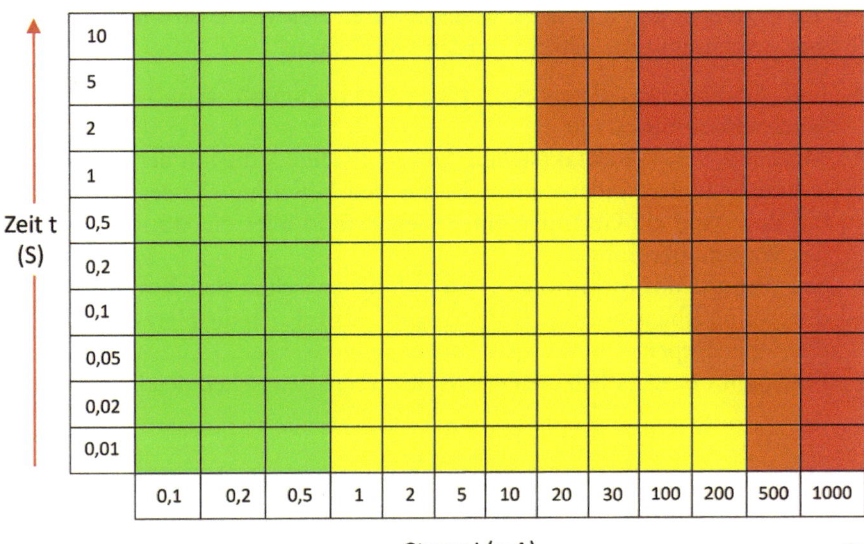

Abbildung 6: Körperliche Auswirkungen des Stroms aufgrund des Faktors Zeit – Strom, Zeit, Wirkung (Quelle: Thomas Zimmermann)

Grün	nicht spürbar
Gelb	spürbar bis Muskelverkrampfung
Orange	Muskelverkrampfung bis Atemschwierigkeiten
Rot	Herzkammerflimmern, Atemstillstand, Herzstillstand

3.1.3 Was passiert bei einem Stromschlag und wie kommt es dazu?

Entscheidend für die biologische Wirkung im Körper ist der Stromfluss.

Voraussetzungen dafür, dass ein Mensch durch elektrische Stromwirkung im Wasser geschädigt oder getötet werden kann, sind:

- Eine Stromquelle, deren Spannung „hoch genug" ist (ab ca. 50 Volt Wechselspannung).
- Mindestens zwei Kontaktstellen (Übertrittstellen), die mit der Stromquelle und Erde verbunden sind (z.B. mit den Füßen im Wasser stehen und mit der Hand ein Geländer, einen Gegenstand oder die Wand außerhalb des Wassers berühren).
- Der Verlauf des Stromwegs (Verbindung zwischen den Kontaktstellen) durch eine lebenswichtige Körperregion, also durch die Herzgegend bzw. den Oberkörper.
- Ein Spannungsgefälle (eine Potenzialdifferenz) zwischen den Kontaktstellen.

Die Wirkung einer Elektrisierung auf den Organismus hängt im Wesentlichen von den folgenden Faktoren ab:

- Der Stromstärke, die abhängig von der Spannung und vom Widerstand ist.
- Dem Stromweg durch den Körper.
- Der Durchströmungsdauer (Die Einwirkzeit ist ein ganz wesentlicher Faktor!).
- Dem Zeitpunkt des Stromstoßes in Bezug auf die vulnerable Phase der Herzaktion – sofortiges Auslösen von Herzkammerflimmern oder bis zu 12 Stunden verzögerte Reaktion.
- Dem Lebensalter – mit zunehmendem Alter steigt die Letalität – mit dem Alter steigt die Empfindlichkeit bei Stromschlägen.

3.1.4 Reizschwelle bis Zellzerstörung

Auswirkungen von Gleich- und Wechselspannung

Bereits kurzzeitige Einwirkung von elektrischer Spannung und Strom auf den Körper führt zur Schädigung von Zellmembranen durch Elektroporation. Hierbei wird die Zellwand praktisch vom Strom durchbrochen und geöffnet. Im Gegensatz zur medizinischen Anwendung (DNA und RNA-Zellschleusung) wird die Zelle hierbei durch die Stromstärke geschädigt. Eine solche Schädigung bewirkt Zellödeme und einen irreversiblen Zellschaden.

Gleichspannung

Auswirkungen auf die Nervenleitung und Muskulatur erfolgen bei Gleichspannung erst bei der mehrfach höheren Stromstärke als bei Wechselspannung. Aber selbst bei kleinen (Gleich-)Spannungen entstehen bereits Schäden durch elektrothermische Wirkung (man denke nur an den 9-Volt Block an der Zunge). Die Schwere der Verletzung steigt mit der Höhe der Spannung und dem Stromfluss. Nach der thermischen Wirkung folgt die Hämolyse – die Zellwände der roten Blutkörperchen lösen sich auf. Außerdem können die durch Elektrolyse im Blut freigesetzten Gasbläschen zu Embolien und Thrombosen führen.

Wechselspannung

Der Kontakt mit Wechselspannung bewirkt durch die rhythmische Änderung der Polarität der Spannung (50/60 Hz) vor allem Herzrhythmusstörungen und Kammerflimmern. Diese Störungen können auch erst 12 Stunden nach dem Stromschlag auftreten.

Im Körper können außerdem Zellen des Herzmuskelgewebes geschädigt, aber auch Verengungen von Blutgefäßen im Gehirn bewirkt werden. Zusätzlich kommt es zu einem vermehrten Ausstoß von Hormonen (z.B. Adrenalin) durch den Stromschlag. Das Zusammenspiel von Zellschädigung und Hormonausstoß begünstigt die Entwicklung zur Hypoxie – dem Sauerstoffmangel im Blut – bzw. bedingt sich auch gegenseitig. Unbehandelt und unerkannt sind oft Herz-Kreislauf- und Atemstillstand die Folge.

3.2 Elektrische Gefahren an der Einsatzstelle (EGadE) bei Überflutungslagen

Die häufigste Stromquelle, der im Einsatz begegnet wird, ist das Stromnetz, der „Haushaltstrom“. Selten ist es ein Akku (Strom aus einer Batterie), der dem Speichern elektrischer Energie dient. Noch seltener eine höhere Spannungsebene >400 Volt AC.

In Haushalten erfolgt die Elektrizitätsversorgung in Form von Drehstrom, bestehend aus drei Phasen, einem Neutralleiter (Nullleiter) und der Erdung. Die drei Phasen werden als L1, L2 und L3 bezeichnet.

Der Neutralleiter hat theoretisch ein Potenzial von 0 Volt, jedoch durch „Netzverschmutzungen“ (z.B. elektronische Bauteile) meistens ein geringes Spannungspotenzial.

Zwischen einer Phase und dem Neutralleiter besteht eine sinusförmige Wechselspannung von 230 V bei einer Frequenz von 50 Hz. Steckdosen und Anschlüsse für Licht führen normalerweise nur eine der drei Phasen, den Neutralleiter und die Erdung.

Die meisten Fälle einer Schädigung durch elektrische Stromwirkung kommen durch einen Erdschluss zustande, indem der Körper den Stromkreis durch Kontakt mit dem stromführenden Leiter (Phase) und der Erde oder einem geerdeten Gegenstand schließt.

Wesentlich seltener ist ein Kurzschluss, wobei der Körper den Stromkreis durch Überbrückung der Phase mit dem Nullleiter schließt. Dieser Fall ist der gefährlichste, da selbst ein funktionierender RCD keinen Fehlerstrom erkennen könnte und nicht auslösen würde.

Im Haushalt ist die elektrische Spannung bei 230 Volt. Sie bleibt auch bei Überflutungslagen hoch und bricht durch einen Kurz- oder Erdschluss üblicherweise nicht zusammen. Demzufolge wird der (fließende) Strom im Wesentlichen durch den Widerstand (R) bestimmt. Er setzt sich aus dem Übergangswiderstand (zwischen Körper und Erde) und dem Körperwiderstand selbst zusammen.

Der **Körperwiderstand** wird zum größten Teil durch den Hautwiderstand an den Stromübertrittsstellen bestimmt. Der Widerstand im Körperinneren ist vergleichsweise gering.

Der **Hautwiderstand** ist abhängig von der Dicke und vom Zustand der Hornschicht (der Hautwiderstand fällt mit abnehmender Dicke und zunehmender Feuchtigkeit).

Im Wasser ist der Widerstand zwischen der Haut und dem Wasser sehr klein – bei durchnässter „aufgeweichter" Haut praktisch nicht mehr vorhanden. Im Einzelfall ist der Gesamtwiderstand dafür entscheidend, ob und wie stark ein Stromschaden auftritt.

Wie sich die Gefahr von trocken zu nass verändert, zeigt die Ampel.

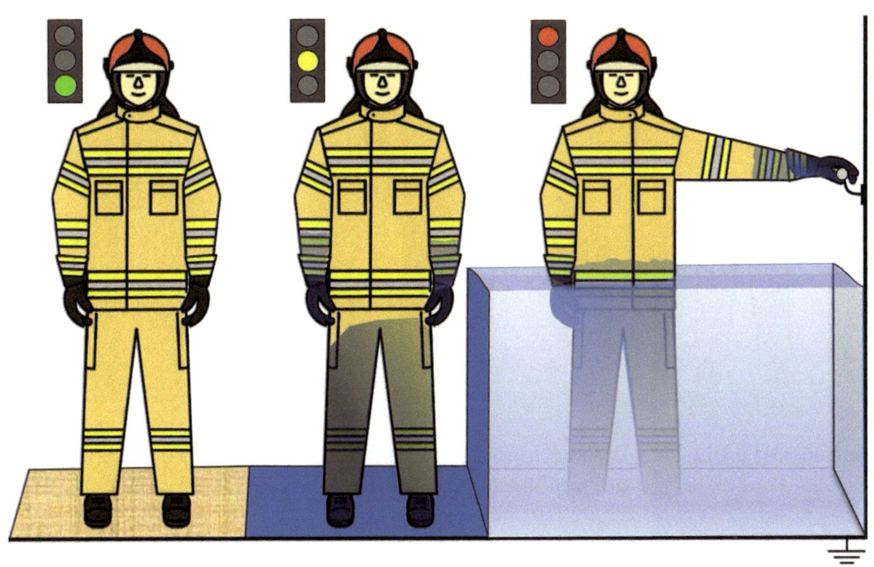

Abbildung 7: Die Ampel zeigt, wie sich die Gefahr von trocken zu nass verändert „Trocken – Nass" (Quelle: Martina Zimmermann GmbH)

Körperwiderstand – Änderung durch Wasser/Nässe

Als Faustregel gilt, dass die Gefährdung ansteigt, je nasser die Einsatzkleidung ist. Bei durchnässter Kleidung, durchtränkten Schuhen und aufgeweichter Haut sinkt der Widerstand gegen Null.

Die Zahlenwerte des sich durch Nässe ändernden Widerstands sind nur zur Verdeutlichung eingesetzt. Im Wasser ist praktisch kein Widerstand mehr vorhanden.

Hier beginnt der große Unterschied des Verhaltens elektrischer Spannung „auf dem Trockenen“ und „im Wasser“.

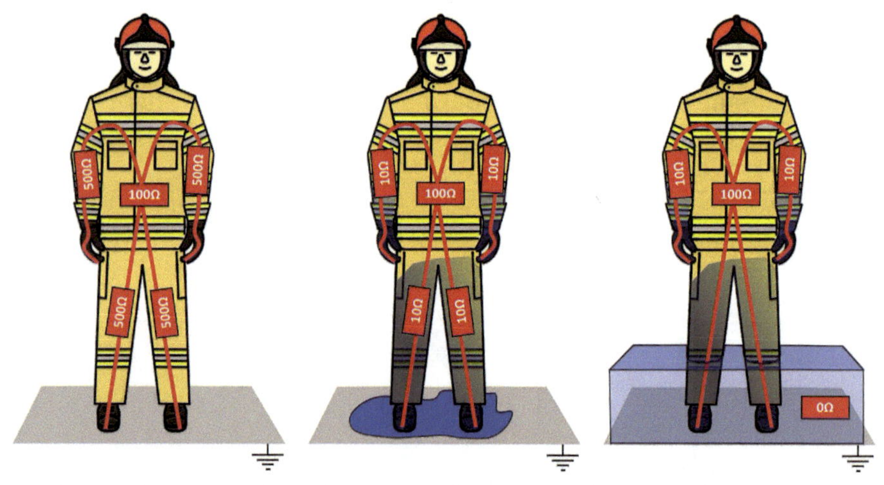

Abbildung 8 bis 10: Veränderung des Körperwiderstands aufgrund von steigender Nässe (Quelle: Thomas Zimmermann)

3.2.1 Elektrische Einspeisungen

Abbildung 11 zeigt einen typischen Hausanschlusskasten, wie er standardmäßig verbaut wird. Selbst bei einer „spritzwassergeschützten“ Ausführung bietet das Gehäuse bei Überflutungslagen keinen Schutz davor, dass Strom ins Wasser abgegeben wird.

Es ist ein Irrglaube, dass der Stromfluss nur innerhalb des Hausanschlusskastens stattfinden würde!

Sind die Niederspannungs-Hochleistungssicherungen (NH-Sicherungen) überflutet, wird sicher gefährliche elektrische Spannung ins Wasser abgegeben!

Abbildung 11:
Typischer Hausanschlusskasten (HAK)
(Quelle: Rudolph Tietzsch GmbH & Co. KG)

3.2.2 Elektroinstallationen

In der folgenden Abbildung wird ein Zählerkasten mit Hausanschluss und Verteilung gezeigt.

Ist die Elektroinstallation erst überflutet, erwärmen sich alle metallischen Leiter und bringen die Kunststoffteile zum Schmelzen. Dabei steht die Anlage in vollem Betrieb.

Schutzmaßnahmen wirken nicht mehr und gefährliche elektrische Spannung wird ins Wasser abgegeben!

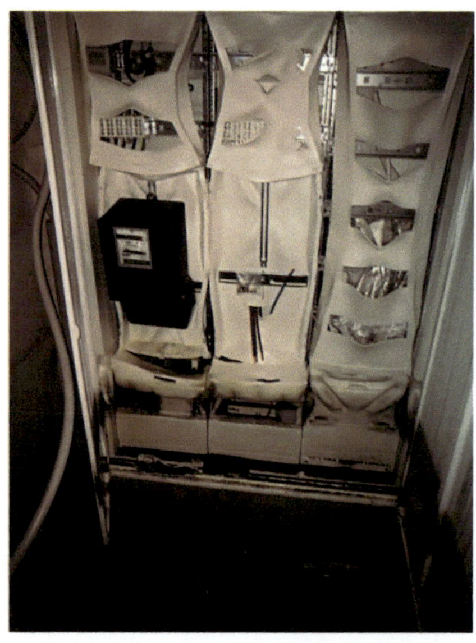

Abbildung 12:
Zählerkasten mit Hausanschluss und Verteilung (Quelle: Tobias Visser)

3.2.3 Energiespeicher

Batterien, Energiespeicher von PV-Anlagen oder Akkus stellen, wenn sie überflutet sind, aufgrund ihrer Beschaffenheit keine große Gefahr dar. Diese Anlagen basieren auf Gleichspannung (DC). Um hier einen Stromschlag zu erleiden, müssten Plus- und Minus-Kontakt gleichzeitig berührt werden, um den Stromkreis zu schließen. Anders sieht es aus, wenn nicht ausgeschlossen werden kann, dass die Wechselrichter-Seite (AC) noch in Betrieb steht!

Abbildung 13:
Beispiel eines Speicherakkus (Quelle: Rudolph Tietzsch GmbH & Co. KG)

3.2.4 Blockheizkraftwerk (BHKW)

Ein Blockheizkraftwerk kann auch noch funktionieren, wenn es bereits unter Wasser steht. Das liegt an den dicht ausgeführten und nach außen verlegten Frischluft- und Abgaswegen. Im Zweifelsfall kann ein BHKW „anspringen", sobald das Gebäude freigeschaltet wird. Von außen ist das nicht überprüfbar.

Spannung wird abgegeben, wenn angenommen wird, dass das Gebäude vom Stromnetz getrennt wurde und alles spannungsfrei geschaltet wäre!

Abbildung 14: Beispiel eines Blockheizkraftwerks (Quelle: Thomas Zimmermann)

3.2.5 Elektrische Geräte

Elektrische Geräte, die unter oder im Wasser stehen, können trotzdem noch funktionsfähig sein!

Abbildung 15: Elektrogeräte im Wasser (Quelle: iStock)

Typische Haushaltsgeräte wie Waschmaschinen, Fernseher, Leuchten, Lampen usw. sind eine große Gefahr, sobald sie überflutet wurden oder im Wasser stehen.

Viele elektrische Geräte sind nicht geerdet und mit einem zweipoligen, flachen Euro-Stecker ausgestattet. Die Beschaffenheit der Geräte (z.B. Fön, Radio oder Stehlampe) erlaubt das. Bei bestimmungsgemäßer Verwendung ist das auch kein Problem – aber wenn Wasser ins Spiel kommt, wird keine Schutzeinrichtung auslösen. Ein Fehlerstrom kann nicht erkannt werden!

Elektrische Geräte können auch unter Wasser noch Spannung führen!

3.2.6 Leitende Gegenstände

Metallische Stützen, Geländer, Zäune usw. können, genauso wie das Wasser selbst, unter Spannung stehen.

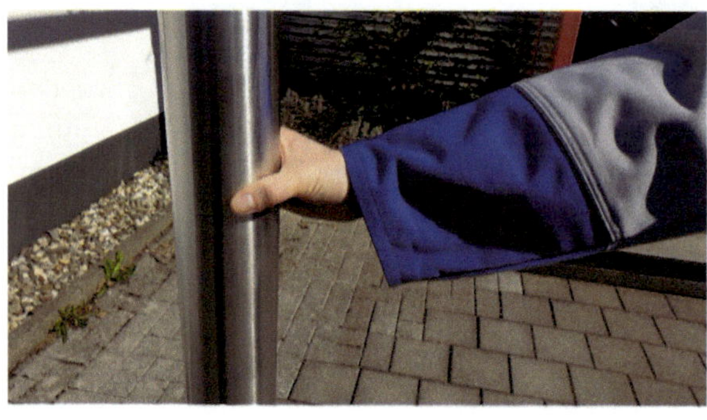

Abbildung 16: Leitfähige Stütze (Quelle: Rudolph Tietzsch GmbH & Co. KG)

Leitfähige Gegenstände, aus blankem Metall, sind in der Nähe oder im Überflutungsbereich generell als große Gefahr im Sinne eines elektrischen Leiters zu betrachten. Auch „auf dem Trockenen" kann eine Situation entstehen, die solche Gegenstände unter Spannung setzt. Das kann durch eine angebohrte, falsch verlegte oder schlecht installierte elektrische Einrichtung passieren.

Im Wasser, bei Überflutungslagen, ist jeder Kontakt zu blanken, metallischen Gegenständen und Teilen zu vermeiden.

Schon bei schwachem Stromfluss (ca. 10 mA) kann man mitunter nicht mehr loslassen und sich selbst befreien!

3.2.7 Gefahren eingebracht durch Einsatzkräfte

Mitunter entstehen gefährliche Situationen durch die Unwissenheit von Einsatzkräften. Selbst die Bedienung eines Lichtschalters kann bei Überflutungslagen Lampen oder Geräte in Betrieb setzen, die nun plötzlich Spannung an das Wasser abgeben.

Wenn dann bereits eine elektrische Verbindung zur spannungsführenden Phase durch die Füße im Wasser besteht, wird die Erdverbindung z.B. durch die Hand (ohne Handschuhe) an einem Gegenstand hergestellt und der Stromkreis geschlossen!

Strom könnte ungehindert durch den Körper fließen!

3.2.8 Gefahrenverschleppung durch Einsatzkräfte

Bei der Gefahrenverschleppung handelt es sich um eine Gefährdung durch Verschleppung.

Bei Überflutungslagen tritt dieser Fall praktisch immer ein, da die gefährliche elektrische Spannung von einem „stationären Kontakt" nun über das Wasser (ein Gemisch) auf andere leitfähige Objekte übertragen wird bzw. übertragen werden kann.

Aufgrund der dynamischen, sich schnell verändernden Lage ist bei Überflutungen die elektrische Gefährdung enorm hoch und kaum kontrollierbar. Durch leitfähige Gegenstände kann sie auch über weite Strecken geleitet und entsprechend großflächig ausgebreitet sein.

Eine Gefährdung durch elektrischen Stromschlag und/oder Störlichtbogen liegt laut DIN VDE 0100-410 vor, wenn die Spannung zwischen einem aktiven Teil und Erde oder die Spannung zwischen aktiven Teilen höher als 25 Volt Wechselspannung oder 60 Volt Gleichspannung ist.

Im Ergebnis ist bei Überflutungen die elektrische Gefährdung immer vorhanden, auch außerhalb des Wassers selbst, an leitfähigen Gegenständen.

Aufgrund der relativ unübersichtlichen Einsatzlage ist größte Vorsicht geboten.

Die eigentliche Gefahrenstelle – die Stromquelle – kann weit entfernt außerhalb des Sichtbereichs liegen!

Um solche Fälle zu vermeiden, muss im Rahmen der Gefährdungsbeurteilung vor Ort entschieden und entsprechende Maßnahmen müssen ergriffen werden:

- Sind qualifizierte Einsatzkräfte verfügbar, die mit einem Spannungswarner richtig umgehen und auch richtig messen können?
- Ist die korrekte Anwendung eines geeigneten Prüfgeräts sichergestellt (durch eine autorisierte Fachkraft)?
- Sind zumindest Grundkenntnisse in der Elektrotechnik vorhanden (Einschätzung der Lage und Gefährdung)?
- Kann Spannungsfreiheit überhaupt festgestellt oder garantiert werden?

Zu bedenken ist:

- Die Fehlerquelle kann mehrere Meter von der Arbeitsstelle entfernt sein und dennoch tödliche Spannungen im Wasser verbreiten!
- Die Fehlerquelle kann außerhalb des Sichtfelds liegen!

Gefährliche Spannungen können durch metallische Treppengeländer, Stützen und Ähnliches weitergeleitet werden!

3.3 Selbstkontrolle und Testfragen

(Lösungen siehe Seite 102)

1. Welche zwei Faktoren haben bei einem Stromschlag die größte Auswirkung auf den Körper?

a) Uhrzeit und Frequenz.
b) Raum und Zeit.
c) Spannungshöhe und Wirkzeit.
d) Wirkzeit und Frequenz.

2. Ab wieviel mA bei 230 Volt AC wird es im Wasser lebensgefährlich – bei mehr als zwei Sekunden Aufenthalt im Wasser?

a) Ab 3 mA wird es gefährlich.
b) Ab 10 mA wird es gefährlich.
c) Ab 20 mA wird es gefährlich.
d) Ab 50 mA wird es gefährlich.

3. Welche elektrische Gefahr „lauert“ auch außerhalb des Wassers?

a) Metallische Stützen, Geländer, Zäune usw. können genauso wie das Wasser selbst unter Spannung stehen.
b) Es gibt keine besonderen elektrischen Gefahren bei „Strom/Spannung im Wasser“ außerhalb des Wassers.
c) Keine Gefahr, wenn es trocken ist.
d) Der trockene Bereich kann vollständig unter Spannung stehen.

4 Schutzmaßnahmen

Fallbeispiel: Keller überflutet, Anlage trotzdem in Betrieb?

In der folgenden Abbildung ist deutlich erkennbar, dass keine der verbauten Schutzeinrichtungen ausgelöst hat, weder die Sicherungen noch der RCD.

Wassertropfen hängen noch an den Gehäuseteilen und der Stromzähler ist von innen beschlagen.

Die Beschädigungen an den Abdeckungen sind aufgrund der Hitze entstanden, die von den sich erwärmenden Leitern ausging. Anschlussschienen o.Ä. können durch den elektrischen Kurzschluss (mit Kavitationseffekt) im Wasser leicht mehrere hundert Grad Celsius erreichen!

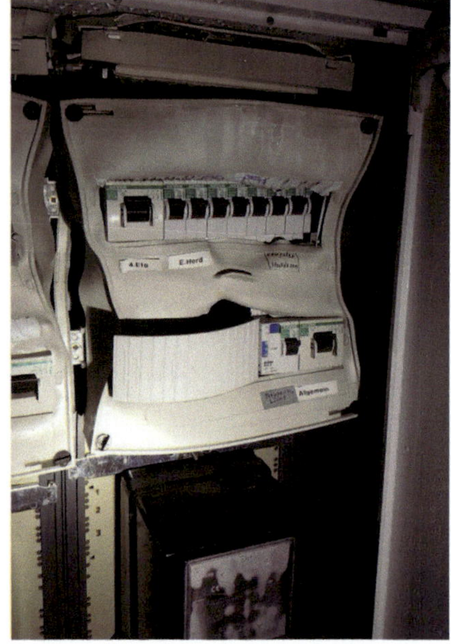

Abbildung 17:
HAK nach Überflutung (Quelle: Tobias Visser)

Im hier vorliegenden Fall war durch Bewohner des Hauses Dampf im Treppenhaus festgestellt worden. Dass der Keller überflutet war, stellte sich erst im Nachhinein heraus. Die alarmierte Feuerwehr stellte fest, dass selbst bei komplett überflutetem Keller, inklusive der elektrischen Anlage, die elektrische Anlage des Hauses immer noch funktionsfähig war und in Betrieb stand. Die Bewohner des Hauses hatten keine Störung bemerkt.

4.1 Was ist eigentlich das Problem?

Wenn Sicherungseinrichtungen überflutet sind, besitzen sie keine Schutzwirkung mehr, da sie durch das Wasser überbrückt werden.

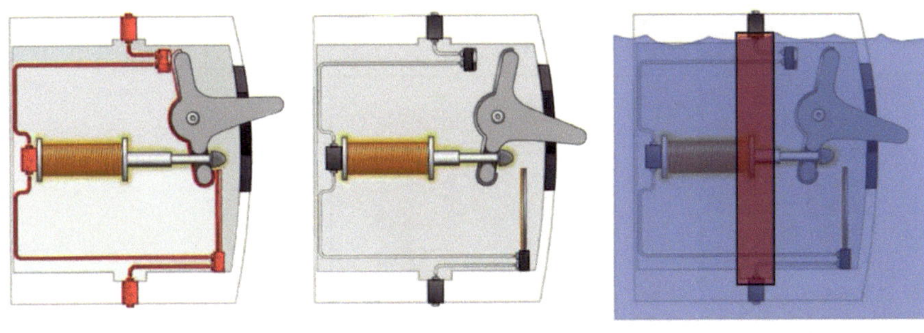

Sicherung „AN“ | Sicherung „AUS“ | Sicherung „überflutet“

Abbildung 18 bis 20: Aufbau Sicherungsautomat – „AN“, „AUS“ und durch Wasser überbrückt (Quelle: Martina Zimmermann GmbH)

Leider wird trotzdem noch häufig angenommen, dass Sicherungseinrichtungen ausnahmslos funktionieren – aber das ist nicht so! Alle Sicherungseinrichtungen, die verbaut wurden, sind ausschließlich trocken voll funktionsfähig!

Schutzmaßnahmen und Sicherungseinrichtungen werden zum Schutz der elektrischen Anlage verbaut und nicht zum Schutz für Personen vor einem Stromschlag. Dafür werden RCDs eingesetzt.

Wenn Sicherungseinrichtungen überflutet werden, verlieren sie ihre Schutzwirkung komplett. Immer und ausnahmslos. Ob sie tatsächlich überflutet sind oder nicht, lässt sich im Einsatz nicht sicher feststellen – denn dafür müsste der überflutete Bereich betreten werden. Eine Zwickmühle. Es muss grundsätzlich davon ausgegangen werden, dass die elektrische Anlage spannungsführend ist.

4.2 Der RCD (FI)

Gerade bei Einsätzen mit Wasser, in überfluteten Bereichen, bietet ein RCD kaum Schutz vor einem Stromschlag! Ein RDC wird bei Überflutung wirkungslos. Der Grund dafür ist: Der durch das Wasser fließende Strom ist zwar gefährlich und potenziell tödlich, wird aber meistens vom RCD nicht als Fehlerstrom (oder Differenzstrom) erkannt!

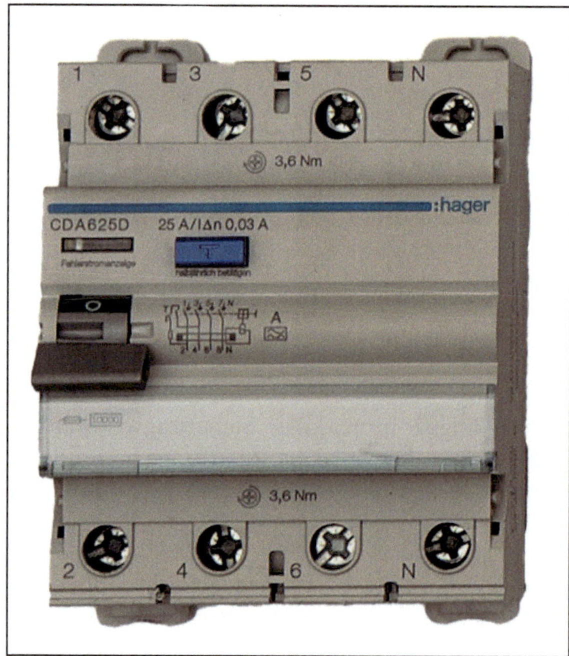

Abbildung 21: Residual Current Device (RCD) (Quelle: Thomas Zimmermann)

Sollte sich ein entsprechender Strom bilden und den Grenzwert (>30 mA) überschreiten, wird er wahrscheinlich schon auslösen, aber das ist keineswegs sicher und die Funktion des RCD ist auch nicht nachweisbar – er könnte ja defekt sein.

Ein RCD schützt nicht mehr, wenn eine Person gleichzeitig eine „Phase", einen Außenleiter (L1, L2, L3) und den Neutralleiter („Nullleiter") berührt! Denn in diesem Fall fließt der meiste Strom durch den Körper der Person über den Neutralleiter durch den RCD zurück. Das Gleiche gilt, wenn eine Person zwei Außenleiter gleichzeitig berührt.

Auch hier fließt der meiste Strom durch den RCD zurück und der RCD löst nicht aus.

Eine dieser beiden Varianten ist im Überflutungsfall der elektrischen Anlage, z.B. im Keller eines Einfamilienhauses, meistens der Fall.

Außerdem müssen nicht alle Stromkreise im Gebäude durch einen RCD abgesichert werden, z.B. die Heizung, aber gerade die steht ja bei Überflutung meistens im Wasser.

Der Differenzstrom ist durch das Wasser außerdem meistens nicht hoch genug, um den RCD auszulösen. Er kann somit potenziell tödlich sein (ab ca. 25 mA). Bei IN = 30mA (Auslösestrom des RCD) kann demnach bereits ein gefährlicher Strom fließen, der RCD löst aber trotzdem nicht aus.

Auf Baustellen sind teilweise RCDs mit IN = 300 mA verbaut! Diese Art RCD wird z.B. auch bei Anschlussdosen mit 63 A und größer verwendet. Dort sind z.B. dann Kräne oder weitere Verteiler angeschlossen. Auch auf Festgeländen o.ä., wenn dort eine entsprechende Verteilung genutzt wird, sind solche RCDs verbaut. In Altanlagen ist unter Umständen gar kein RCD vorhanden!

Im Einsatz kann das alles nicht geklärt und nicht garantiert werden.

Zu 100 Prozent sicher ist es nur, das Wasser selbst und mit dem Wasser in Verbindung stehende leitende Teile nicht zu berühren.

Ein Spannungswarner nach GS-ET-43 erkennt elektrische Spannung im Wasser und warnt bereits, **bevor** es gefährlich wird!

4.3 Sicherungsautomaten

Sicherungen bieten noch weniger Schutz als ein RCD bei Überflutung!

Sicherungen lösen (bei Überflutung) erst aus, wenn ein potenziell „tödlicher Strom" bereits fließt. Spannung liegt an und mehrere Ampere (>10.000 mA) fließen, bevor die Sicherung fällt. Im Vergleich: Ab 25 mA wird es schon kritisch! Der im Wasser fließende Strom kann also leicht tausendfach höher sein, als ein Mensch es überleben könnte!

Zu diesem Zeitpunkt wäre ein Mensch mit „Erdverbindung" im Wasser bereits tödlich verletzt. Die Schutzwirkung ist kein Personenschutz! Sie dient nur dem Schutz der elektrischen Anlage.

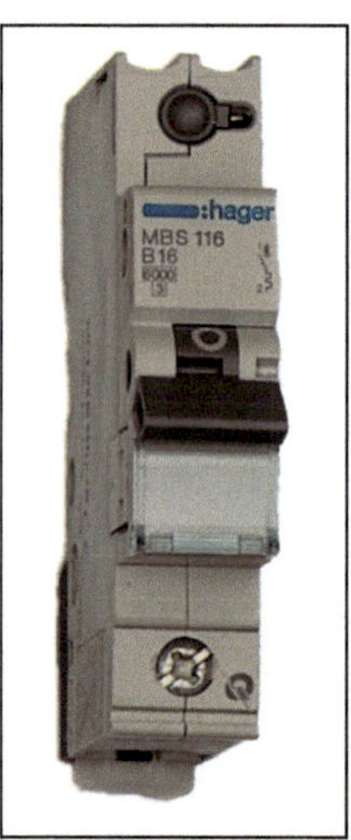

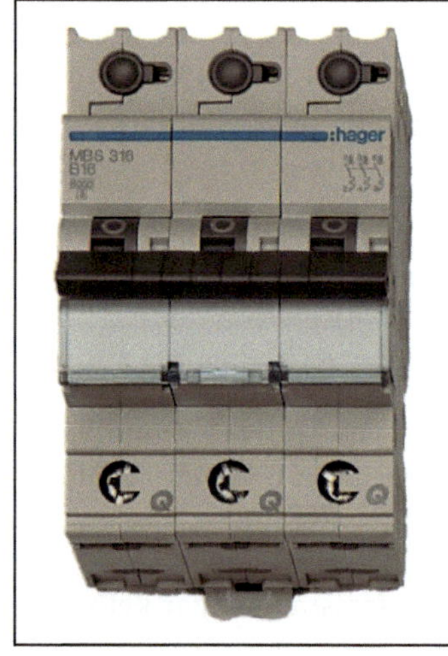

Abbildung 22 und 23: Sicherungsautomaten (Quelle: Thomas Zimmermann)

Der Abschaltstrom eines Sicherungsautomaten entspricht in der Regel dem 3,5fachen Nennstrom. Das heißt, es fließt schon längst ein potenziell tödlicher Strom bei entsprechender Spannung im Wasser, bevor die Sicherung überhaupt ausgelöst wird!

4.4 Schraub- oder Schmelzsicherungen

Diese Sicherungseinrichtung dient ebenso wie die Sicherungsautomaten als Leitungsschutz und dem Schutz der elektrischen Anlage. Im Verhältnis reagieren diese Sicherungseinsätze bzw. Schmelzeinsätze (Schmelzleiter) träger als Sicherungsautomaten und bieten schon allein deswegen keinen ausreichenden Schutz vor einer Körperdurchströmung.

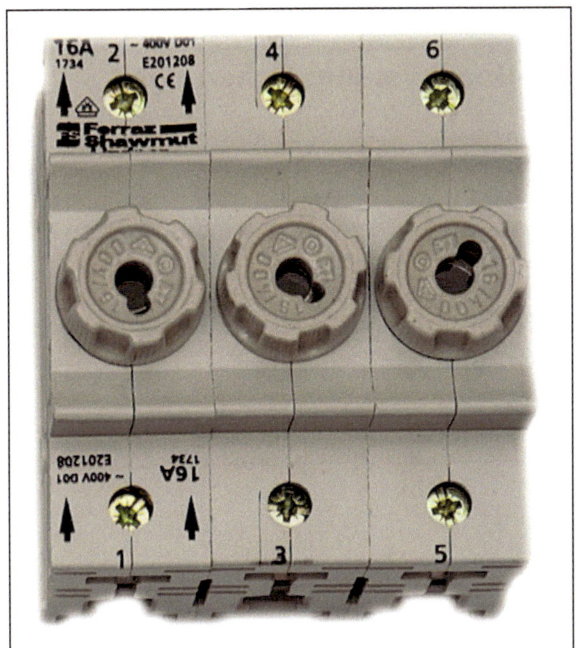

Abbildung 24:
Schraubsicherungen
(Quelle: Thomas Zimmermann)

4.5 Lasttrennschalter mit Sicherungswirkung

Ein Lasttrennschalter mit Sicherungswirkung schützt vor zu hohen Strömen (>16 A) bei Maschinen und Anlagen.

Die Schutzwirkung ist kein Personenschutz! Sie dient nur dem Schutz der elektrischen Anlage. Die Anwendung erlaubt das sichere Schalten von Maschinen und Anlagen unter Last.

4.6 Niederspannungs-Hochleistungssicherungen (NH-Sicherungen)

NH-Sicherungen sind für Ströme bis zu 1.000 A vorgesehen.

Sie wirken kurzschlussbegrenzend und werden meist für industrielle Zwecke oder als Hausanschlusssicherungen verwendet.

Die Schutzwirkung ist kein Personenschutz! Sie dient ausschließlich dem Schutz der elektrischen Anlage.

Abbildung 25:
NH-Sicherung (Quelle: Thomas Zimmermann)

4.7 Zusammenfassung

Die typischen Schutzmaßnahmen bzw. Sicherungseinrichtungen in Gebäuden sind, mit Ausnahme des RCD, auf den Schutz der elektrischen Anlage und nicht auf den Schutz von Personen ausgelegt.

Die Funktion eines RCD ist bei Überflutungslagen nicht sicher.

Ob und wie gut vorgeschaltete Sicherungen, egal welcher Art, bei Überflutungslagen und im Einsatz reagieren und auslösen, kann im Einsatzgeschehen nicht geklärt werden.

Es muss immer davon ausgegangen werden, dass Schutzmaßnahmen bei Überflutungslagen nicht mehr funktionieren und elektrische Anlagen spannungsführend sind.

4.8 Selbstkontrolle und Testfragen

(Lösungen siehe Seite 102)

1. Schützen Sicherungen bei Überflutung vor einem Stromschlag?

a) Ja, sie schützen immer und lösen zuverlässig aus.
b) Nein, Sicherungen lösen bei Überflutung erst aus, wenn ein potenziell „tödlicher Strom" bereits fließt.
c) Ja, wenn sie trocken sind.
d) Nein, sie sind dann deaktiviert.

2. Schützt ein RCD („FI") bei Überflutung zuverlässig vor einem Stromschlag?

a) Ja, dafür ist er da.
b) Nein, er wird bei Überflutung aus verschiedenen Gründen wirkungslos.
c) Ja, solange er trocken bleibt.
d) Nein, er schaltet sich dann von selbst ab.

3. Kann eine elektrische Anlage auch „unter Wasser" noch funktionieren und Spannung abgeben?

a) Nein, das ist unmöglich.
b) Ja, wenn sie mehr als 1.000 Volt AC hat.
c) Nein, Sicherungen und alle anderen Schutzmaßnahmen schalten sie automatisch spannungsfrei.
d) Ja, denn der im Wasser fließende Strom reicht nicht aus, um die Schutzmaßnahmen auszulösen.

5 Gerätetechnologie und -modelle

Spannungswarner für überflutete Bereiche

Definition gemäß GS-ET-43: Gerät für die zweipolige Anwendung zur Warnung vor Wechsel- oder Gleichspannungen potenziell gefährlicher Höhe (Personengefährdung) in mit wässrigen Medien unterschiedlichen Verschmutzungsgrades überfluteten Bereichen.

Wie im DGUV Prüfgrundsatz GS-ET-43 unter 4.4 beschrieben, existieren zwei verschiedene Bauarten von Spannungswarnern. Sogenannte „nichthandgehaltene“ und „handgehaltene“ Geräte. Im Wesentlichen unterscheiden sich die Geräte durch ihre Bedienung. Während ein nicht handgehaltenes Gerät freistehend autark arbeitet, wird ein handgehaltenes Gerät durch dafür abgestelltes Personal bedient.

5.1 Gerätetechnologie – Spannungswarner Wasser

Die Gerätetechnologie von zweipoligen Spannungswarnern nach GS-ET-43 unterscheidet sich deutlich von den bekannten zweipoligen Spannungsprüfern.

Verschiedene gerätespezifische Einrichtungen müssen dem speziellen Einsatzgebiet und der bestimmungsgemäßen Verwendung angepasst sein.

Dazu gehören neben der Elektronik, der Software und der Beschaffenheit der „Handhaben“ auch die „eindeutig wahrnehmbaren“ Signale. Ein Spannungswarner muss je nach Bauart optisch und akustisch vor gefährlicher elektrischer Spannung warnen. Die Anzeigen dazu müssen leicht erkennbar, hörbar und zweifelsfrei zu deuten sein:

- Optische Anzeige in Rot (für „Alarm“)
- Optische Anzeige in Grün (für „OK“)
- Ein 100 dB lautes Schallsignal (für „Alarm“).

5.1.1 Eigenprüfeinrichtung

Ein großer, wenn nicht sogar der größte Unterschied zu derzeit bekannten Spannungsprüfern und sonstigen Messmitteln elektrischer Größen ist die in Spannungswarnern für Überflutungslagen vorgeschriebene Eigenprüfeinrichtung. Spannungswarner müssen gemäß GS-ET-43, 4.2.10 mit einer eingebauten Eigenprüfeinrichtung versehen sein. Der Spannungswarner muss „betriebsbereit" oder „nicht betriebsbereit" anzeigen.

Die versehentliche Inbetriebnahme, obwohl das Gerät eventuell gar nicht vollständig betriebsbereit ist, ist nicht möglich.

Die Software verhindert eine Inbetriebnahme, wenn ein interner Fehler erkannt wird. Der Spannungswarner lässt sich dann nicht mehr in Betrieb setzen.

Nur bei voll funktionsfähigem Gerät lässt sich der Spannungswarner nutzen. Die ständige Überprüfung aller Funktionen eines Spannungswarners ist die Aufgabe einer solchen Eigenprüfeinrichtung.

Die Eigenprüfeinrichtung muss alle elektrischen Kreise prüfen, einschließlich

- Energiequelle (OK/NOK)
- Funktion aller Anzeigen (LEDs, Schallsignal, Display)
- Verbindung zum Erdpotential und des Durchgangs der Verbindungsleitungen zur Tauchsonde (Messkreis)
- Schutzimpedanz (den Messwiderstand)
- Batteriezustand (Spannung, Temperatur usw.)
- Software (Funktion über Checksummen und Watch-Dog)

5.1.2 Empfindlichkeit

Detektionsfähigkeit

Gemäß GS-ET-43, 1.2, 4.2.1.1 d) muss ein Spannungswarner bei Erreichen der Ansprechspannung von 25 V AC und 40 V DC die geforderten Anzeigen „Alarm" („Spannung vorhanden") aktivieren. Der Spannungswarner muss bei AC und DC im Frequenzbereich von 16 2/3 Hz bis 500 Hz das Vorhandensein einer Spannung größer/gleich der Ansprechspannung anzeigen. Genau genommen setzt der Alarm schon vorher ein – bei 24,8 Volt AC bzw. bei 38 Volt DC.

Prüf- und Versuchsaufbau

Die Anzeige „Alarm" („Spannung vorhanden") in Wasser muss ausgelöst werden, wenn

- der Erdungsanschluss des Spannungswarners an ein Erdpotential angeschlossen ist und die Tauchsonde des Spannungswarners in ein Prüfmedium mit einer elektrischen Leitfähigkeit im Bereich von 500 µS/cm bis 1.000 µS/cm eingetaucht wird,
- das Prüfmedium mit einer Kontaktelektrode mit einer Prüfspannung von 25 V AC bzw. 40 V DC in einem Abstand von einem Meter zur Tauchsonde ins Prüfmedium eingetaucht wird.

Die Leitfähigkeitswerte des Prüfmediums entsprechen dem von Wasser in sehr sauberer Trinkwasserqualität – dem im Einsatz anzunehmenden schwierigsten Fall. In der Praxis sind besser leitfähige Mischungen von Wässern anzutreffen. Hier vermischen sich viele Stoffe mit dem Wasser, mineralisieren es und steigern dessen Leitfähigkeit.

Spannungswarner besitzen technisch gesehen eine sehr hohe Reichweite, aber aus Sicherheitsgründen ist diese auf die Einhaltung von 1 Meter Sicherheitsradius begrenzt.

Wasser ist durch die in ihm gelösten Mineralien elektrisch leitend. Der Strom fließt von der Phase durch das Wasser zu Teilen mit Erdpotential, wie z.B. Treppengeländer und Rohrleitungen. Ein „Spannungstrichter“ bildet sich aus. Der Umfang der elektrischen Gefährdung kann durch die Einsatzkräfte vor Ort nicht festgestellt werden.

Zu viele unbekannte Parameter, die die Gefährdung beeinflussen, spielen dabei eine Rolle, unter anderem der Verschmutzungsgrad des Wassers (Leitfähigkeit) sowie der Aufbau und Zustand der elektrischen Anlage.

Der elektrische Widerstand im Wasser ist nicht linear, sondern mischungsabhängig.

5.1.3 Messkreisüberwachung

Die Messkreisüberwachung ist Teil der Eigenprüfeinrichtung nach GS-ET-43, 4.2.10 und muss als Überprüfung der Verbindung zum Erdanschluss (der Erdung) dauerhaft erfolgen.

Das bedeutet, dass über die gesamte Dauer des Einsatzes eines Spannungswarners geprüft werden muss, ob die Erdverbindung „OK“ ist.

Die Software des Spannungswarners muss dafür ausgerichtet sein.

Eine entsprechende Anzeige beim „Verlust“ der Erdverbindung muss ebenso erfolgen wie die „OK“-Anzeige bei korrektem Erdanschluss.

Ein Spannungswarner sollte in der Lage sein, die Umschaltungen flink und diskret durch seine Software selbst durchzuführen, ohne dass es nötig sein sollte, eine Null-Messung-Prozedur manuell durchführen zu müssen – denn im Einsatz wird dies gerne vergessen.

5.1.4 Prüfimpuls

Am Beispiel „Spannungswarner P2" der Martina Zimmermann GmbH erklärt:

Die Umsetzung der Messkreisüberwachung erfolgt mit einem Prüfimpuls, der permanent, etwa alle 1,5 Sekunden, läuft. Ein elektrischer Impuls wird aus der Erdungsklemme ausgesendet und muss von der Tauchsonde (Sensorkugel) aufgefangen werden. Dieser Impuls ist nicht spürbar und nicht gefährlich. Wird der Impuls erkannt, zeigt der Spannungswarner „OK". Wird er nicht erkannt, zeigt der Spannungswarner „Verlust der Erdung".

Abbildung 26: Messkreis-Test mit Personen (Quelle: Martina Zimmermann GmbH)

Die Erdverbindung kann sehr hochohmig sein (bis 999 kΩ). Der Prüfimpuls kann auch mit mehreren Personen, die sich an den Händen fassen, getestet werden.

Permanente Messung

Gemäß GS-ET-43, 4.2.8 muss ein Spannungswarner bei Anzeige „Spannung vorhanden" für die Dauer von mindestens zwei Stunden funktionieren.

Das bedeutet auch, dass eine ununterbrochene Messung bzw. Detektion auf gefährliche elektrische Spannung mit dem Spannungswarner erfolgen muss. Die Gefahrenlage könnte sich ja jederzeit ändern.

Der Spannungswarner wird als erstes eingesetzt und verlässt als letztes den überfluteten Bereich.

5.2 Gerätemodelle Spannungswarner für Überflutungslagen

Einsatzbereich 25 V AC/40 V DC bis 1.000 V AC/1.500 V DC

Wie im DGUV Prüfgrundsatz GS-ET-43 (2021-03) unter 4.4 beschrieben, existieren zwei verschiedene Bauarten von Spannungswarnern.

Das sind sogenannte „nicht-handgehaltene“ und „handgehaltene“ Geräte.

Zum Teil deutliche Unterschiede in Bedienung, Performance und auch im Preisniveau der am Markt befindlichen Geräte werden hier nicht ausführlich behandelt.

Die Entscheidung, welches Modell für den Einsatz am besten geeignet ist, bleibt den potenziellen Anwendern überlassen.

Die hier beschriebenen Spannungswarner bieten ein sehr hohes Leistungsniveau, das höchstmögliche Maß an Betriebssicherheit und so auch die maximal mögliche Sicherheit für Einsatzkräfte.

Sie entsprechen dem neuesten Stand der Technik und nehmen immer mehr Einzug bei den Einsatzkräften aller Hilfeleistungsorganisationen.

Stand 2023 gibt es nur zwei Spannungswarner am Markt, die dem GS-ET-43 entsprechen:

- Spannungswarner P2 der Martina Zimmermann GmbH, Niederzier
- Spannungswarner DSP-HW 2 der Rudolph Tietzsch GmbH & Co. KG, Ennepetal

5.2.1 Nicht-handgehaltene Geräte (GS-ET-43 4.4.1, 4b)

Der Einsatzbereich von nicht-handgehaltenen Spannungswarnern liegt zwischen 25 V AC/40 V DC bis 1.000 V AC/1.500 V AC.

Spannungswarner dieser Bauart arbeiten vollautomatisch, bei permanenter Selbstüberprüfung, über die gesamte Akkulaufzeit von 16 Stunden.

Zur Inbetriebnahme muss neben dem Anschluss der Erdungsklemme das Gerät eingeschaltet und die Tauchsonde ins Wasser gegeben werden.

Die Anzeige, ob eine Gefährdung für die Einsatzkraft vorliegt, wird über die Griffleuchte (Rot/Grün) und ein Schallsignal (100 dB Intervall bei Alarm) weit sicht- und hörbar angezeigt.

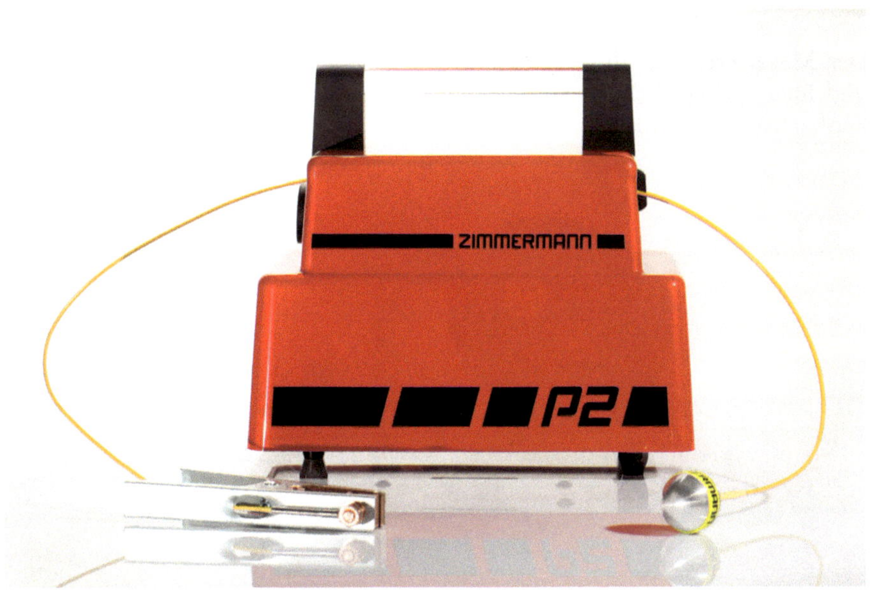

Abbildung 27: Spannungswarner Typ Zimmermann P2 (Quelle: Martina Zimmermann GmbH)

5.2.2 Handgehaltene Geräte (GS-ET-43 4.4.1, 4a)

Der Einsatzbereich von handgehaltenen Spannungswarnern liegt ebenfalls zwischen 25 V AC/40 V DC bis 1.000 V AC/1.500 V AC.

Spannungswarner dieser Bauart müssen durch hierfür gebundenes Bedienpersonal angewendet werden.

Zur Inbetriebnahme muss die Erdungsklemme angelegt und gesichert werden. Danach ist die manuelle Freimessung (nach Prozedur) erforderlich. Nun kann die Tauchsonde ins Wasser gegeben werden.

Bei angezeigter Spannungsfreiheit schaltet sich das Gerät nach ca. 20 Minuten selbstständig aus.

Der Messwert wird alphanumerisch mit farbigem Hintergrund im Display und über farbige LEDs angezeigt. Diese Darstellung erfordert die ständige Beobachtung der Anzeige.

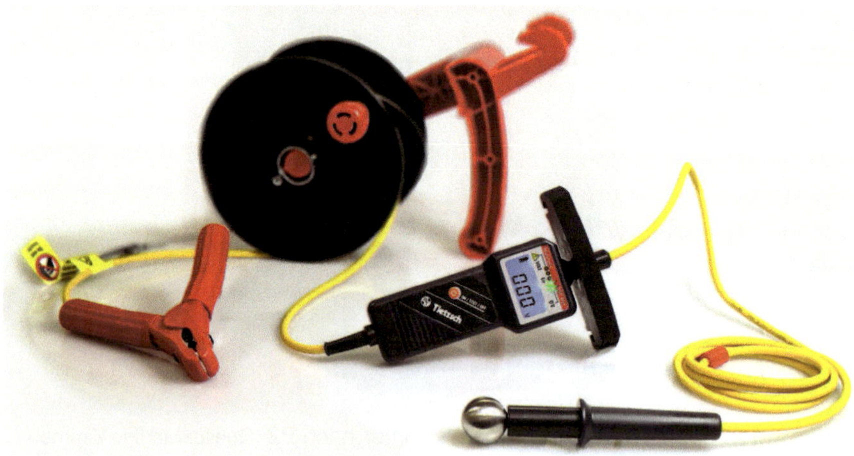

Abbildung 28: Spannungswarner, Typ Tietzsch DSP-HW 2 (Quelle: Rudolph Tietzsch GmbH & Co. KG)

5.3 Selbstkontrolle und Testfragen

(Lösungen siehe Seite 102)

1. Was macht den Spannungswarner gegenüber einem Spannungsprüfer so sicher?

a) Die grün/rote Anzeige.
b) Das laute Schallsignal.
c) Die Eigenprüfeinrichtung.
d) Die Empfindlichkeit.

2. Welche Aufgabe hat die Messkreisüberwachung?

a) Sie prüft über die gesamte Dauer des Einsatzes, ob die Erdungsklemme „OK“ ist.
b) Sie prüft über die gesamte Dauer des Einsatzes, ob der Personenkreis der Einsatzkräfte ausreichend ist.
c) Sie prüft über die gesamte Dauer des Einsatzes, ob die Anzeigen „OK“ sind.
d) Sie prüft über die gesamte Dauer des Einsatzes, ob die Erdverbindung des Spannungswarners „OK“ ist.

3. Welche Aufgabe hat die Eigenprüfeinrichtung?

a) Die Eigenprüfeinrichtung prüft alle LEDs.
b) Die Eigenprüfeinrichtung prüft alle elektrischen Kreise im Spannungswarner.
c) Die Eigenprüfeinrichtung prüft, ob der Spannungswarner eingeschaltet ist.
d) Die Eigenprüfeinrichtung prüft, ob es der eigene Spannungswarner ist.

6 Anwendung von Spannungswarnern

Der Anwendungsbereich von zweipoligen Spannungswarnern nach GS-ET-43 gilt ausschließlich für überflutete Bereiche

- mit Wechselspannungen bis 1.000 V (Nennfrequenzen von 16 2/3 Hz bis 500 Hz) und
- mit Gleichspannungen bis 1.500 V.

(Die Wechselspannungen beziehen sich auf Leiter-Erde-Spannungen.)

Gemäß GS-ET-43 1.2 sind Spannungswarner für überflutete Bereiche für die Verwendung bei trockener oder feuchter Umgebung in Innenräumen und im Freien, bis 2.000 m ü.N.N., vorgesehen.

Spannungswarner für überflutete Bereiche dienen der Warnung vor der elektrischen Gefährdung durch Körperdurchströmung von Personen außerhalb des überfluteten Bereichs.

Gefährliche Spannungen können z.B. durch Spannungsverschleppung über verwendete Arbeits- und Einsatzmittel (Schläuche usw.) oder Betriebsteile von elektrischen Niederspannungsanlagen oder „nicht bestimmungsgemäß" unter Spannung stehende Teile (z.B. metallische Gebäudekonstruktionen) im überfluteten Bereich verursacht sein.

Spannungswarner detektieren potenziell gefährliche Spannungen zwischen einem definierten Bezugspotential (Erdpotential) und einer Tauchsonde im überfluteten Bereich. Sie müssen aufgrund ihrer Funktionsweise und Konstruktion gewährleisten, dass in einem Radius von ca. 1 m um die Tauchsonde herum eine potenziell gefährliche Spannung detektiert wird. Die Tauchsonde muss hierzu in unmittelbarer Umgebung des bestimmungsgemäß eingetauchten Arbeitsmittels (z.B. Tauchpumpe) bzw. nicht bestimmungsgemäß eingetauchten elektrischen Betriebsmittels (z.B. eine überflutete Kellerbeleuchtung) oder potenziell unter Spannung stehenden leitfähigen Teils (z.B.

metallisches Treppengeländer) im überfluteten Bereich positioniert und ggf. fixiert werden.

Die grundsätzliche Vorgehensweise, um Spannungswarner sicher in Betrieb zu nehmen, ist einfach und kurz gesagt:

Erdungsklemme anschließen – Einschalten – Tauchsonde ins Wasser

Details zur Inbetriebnahme der Gebrauchsanweisung des jeweiligen Geräts entnehmen!

Erdung des Spannungswarners

Vor der Inbetriebnahme eines Spannungswarners muss er natürlich geerdet werden. Die Erdungsklemme muss an einen hierfür geeigneten Erdungspunkt angeschlossen werden.

Der Erdungspunkt darf nicht in direkter (elektrisch leitender) Verbindung mit dem zu messenden Wasser sein, z.B. durch ein Geländer!

Geeignete Erdungspunkte (Beispiele)

- Erdungsspieße/Kreuzerder
- Hauserder/Fundamenterder
- (blanke) metallische Geländer und Handläufe
- (blanke) metallische Heizungs- und Wasserleitungen
- (blanke) metallische Tür- und Fensterrahmen
- Blitzableiter, Dachrinnen und Fallrohre aus Metall
- Leitplanken
- Verkehrsschilder

Der Spannungswarner kann die Erdverbindung erst dann überwachen und OK anzeigen, wenn die Tauchsonde im Wasser ist!

Geeignete Erdungspunkte

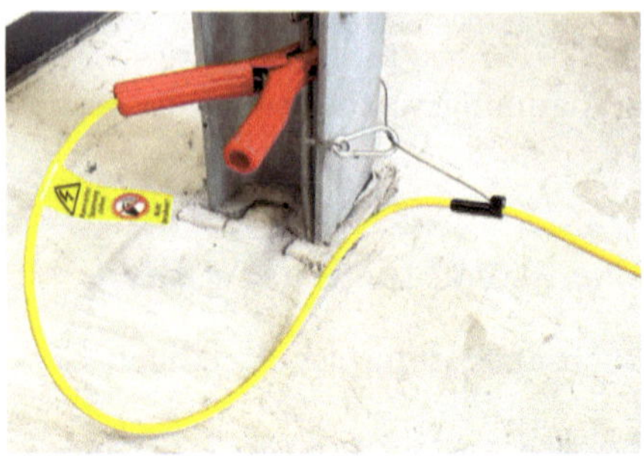

Abbildung 29:
Erdung an Stahlträger (Quelle: Rudolph Tietzsch GmbH & Co. KG)

Abbildung 30:
Erdung an Alu-Türrahmen (Quelle: Thomas Zimmermann)

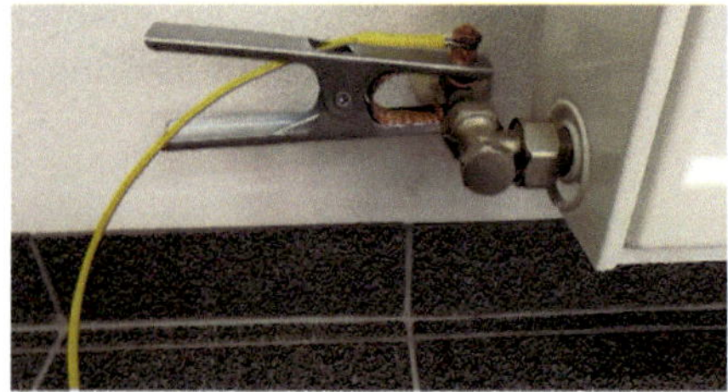

Abbildung 31:
Erdung an Heizungsleitung (Quelle: Thomas Zimmermann)

Abbildung 32:
Erdung an Tor-Scharnier (Quelle: Thomas Zimmermann)

Abbildung 33:
Erdung an Kreuzerder (Quelle: Rudolph Tietzsch GmbH & Co. KG)

Abbildung 34:
Erdung an Leitplanke (Quelle: Thomas Zimmermann)

Platzieren der Sensorkugel/Tauchsonde

Die Tauchsonde muss so platziert werden, dass sie jederzeit mit dem Bereich im Wasser in Berührung ist, der betreten oder berührt werden muss.

Markierung auf der Messleitung für Sicherheitsbereich beachten!

Die Sensorkugel bzw. Tauchsonde muss an der Messleitung in den zu prüfenden, überfluteten Bereich gegeben werden, ohne dass dabei das Wasser berührt wird.

Sicherheitsabstand von 1 Meter beachten!

Ausgangslage: Einstieg über eine Treppe in den überfluteten Bereich

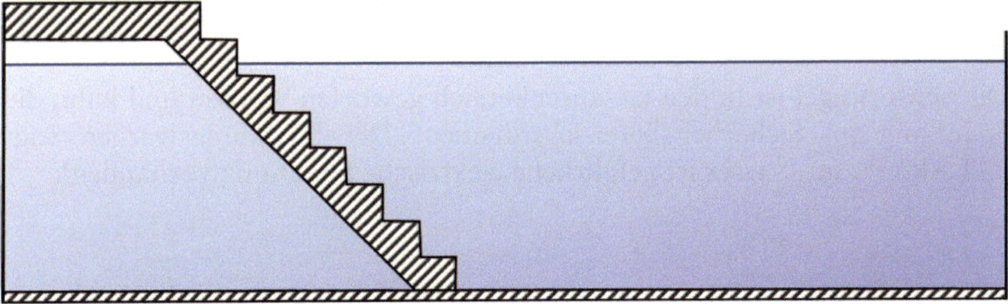

Abbildung 35: Überfluteter Keller (Quelle: Martina Zimmermann GmbH)

Auf den folgenden Seiten wird die richtige, aber auch die falsche Platzierung der Tauchsonde anhand dieser Grundgrafik gezeigt und erklärt.

Hierfür wird der am häufigsten vorkommende Fall – der überflutete Keller – angenommen. Eventuell nicht sichtbare elektrische Einspeisungen unter Wasser sind mit entsprechendem SI-Zeichen gekennzeichnet.

Richtig platzierte Sensorkugel/Tauchsonde

Richtig platzierte Sensorkugel/Tauchsonde: Der zu betretende Bereich ist innerhalb des Sicherheitsbereichs!

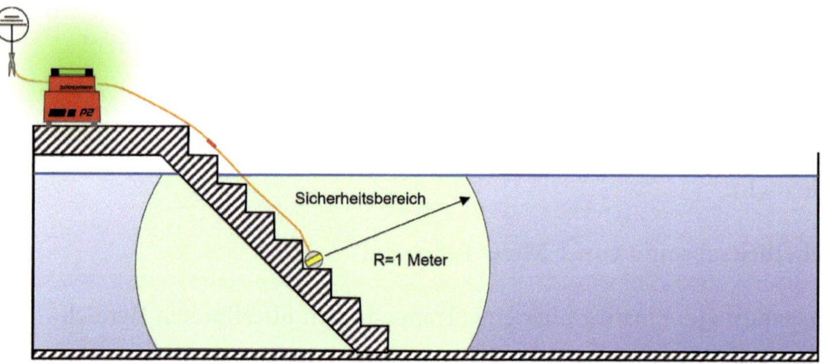

Abbildung 36: Richtig platzierte Tauchsonde (Quelle: Martina Zimmermann GmbH)

Die Sensorkugel ist in den Gefahrenbereich geworfen worden und kann die Spannung im Sicherheitsbereich erkennen! Der Spannungswarner zeigt „ALARM“, im Wasser ist gefährliche elektrische Spannung vorhanden!

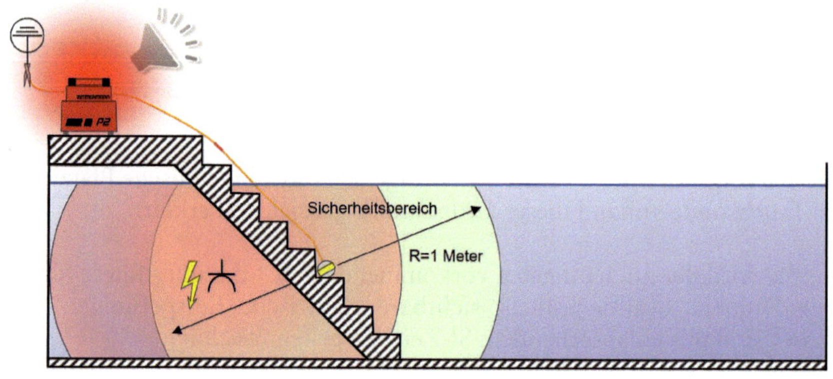

Abbildung 37: Richtig platzierte Tauchsonde und Alarm (Quelle: Martina Zimmermann GmbH)

Falsch platzierte Sensorkugel/Tauchsonde

Der zu betretende Bereich ist außerhalb des Sicherheitsbereichs!

Die Tauchsonde ist über den Gefahrenbereich hinausgeworfen worden und kann die Spannung im Sicherheitsbereich nicht erfassen!

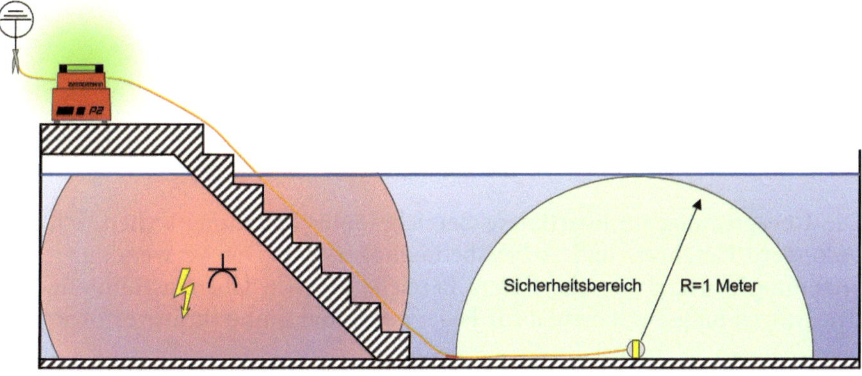

Abbildung 38: Falsch platzierte Tauchsonde (Quelle: Martina Zimmermann GmbH)

Eine gefährliche elektrische Spannung im Sicherheitsbereich der Sensorkugel/Tauchsonde könnte zwar erkannt werden, aber nicht im zu betretenden Einstiegsbereich!

Anwendungsfehler wie dieser sind tückisch. Um sie zu vermeiden, muss die vorgeschriebene eingehende Produktschulung (GS-ET-43 4.7) durchgeführt werden. Sie sollte mit Übungen regelmäßig aufgefrischt werden.

Die Hersteller der Geräte stellen hierzu auch entsprechende Trainingsgeräte bzw. „Trainer“ her. Sie ermöglichen das Auslösen von „Alarm“ durch zuschaltbare elektrische Spannung und weitgehend gefahrloses Training mit den Spannungswarnern.

6.1 Erkundung

Die umfangreiche Erkundung eines überfluteten Bereichs mit einem Spannungswarner ist nicht erlaubt. Falsche Anzeigen durch Fehlbedienung bzw. die falsche Anwendung eines Spannungswarners müssen ausgeschlossen werden.

Dies kann z.B. vorkommen, wenn die Tauchsonde über den Gefahrenbereich hinausgeworfen oder durch ein Kellerfenster ins Wasser herabgelassen und angenommen wird. Der gesamte überflutete Bereich würde vom Spannungswarner erfasst werden.

Es muss unbedingt vermieden werden, dass durch eine falsche Anwendung eine vermeintliche Sicherheit angezeigt wird!

Die Überprüfung, ob überflutete Bereiche unter Spannung stehen, schließt besondere Gefahren und Arbeitsbedingungen ein. Die Verwendung eines Spannungswarners für überflutete Bereiche muss in Übereinstimmung mit den Anwendungsvorschriften für Feuerwehr- und Einsatzkräfte erfolgen.

In der Folge heißt das: Nach Gefährdungsbeurteilung und Erkundung der Lage muss bei Überflutungslagen das zu betretende/berührende Wasser auf gefährliche elektrische Spannung untersucht werden.

Der Einsatz von Spannungswarnern ist nicht Teil der Erkundung, sondern eine Folge!

Im Rahmen der Erkundung wird die Anwendung des Spannungswarners als Maßnahme festgelegt.

6.2 Sicherheitsbereich

Um die maximal mögliche Sicherheit der Einsatzkräfte zu gewährleisten, ist ein „garantierter“ Sicherheitsbereich mit einem Radius von einem Meter rund um die Tauchsonde festgelegt:

Die Leitfähigkeit des flüssigen Mediums (Wasser), in dem gemessen werden soll, ist im Einsatz nicht feststellbar.

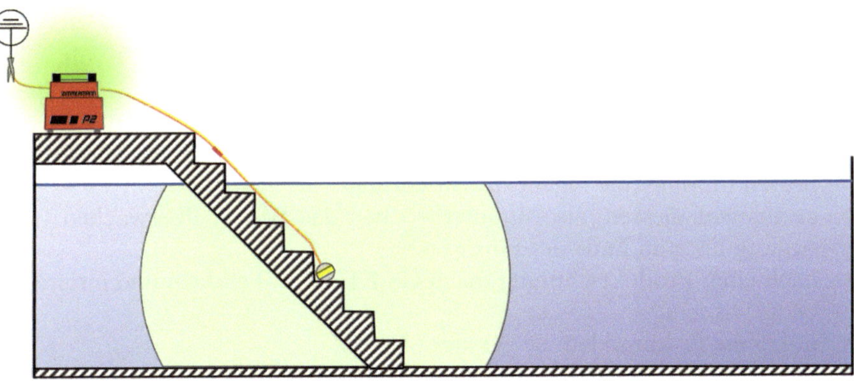

Abbildung 39: Sicherheitsbereich um die Tauchsonde (Quelle: Martina Zimmermann GmbH)

Der Radius des Sicherheitsbereichs ist durch die Markierung auf der Messleitung angezeigt und in jedem Fall ausreichend, um eine Pumpe zu setzen. (1 Meter Radius = 2 Meter Durchmesser Volumenkörper)

Bei Bereichen mit geringem Gefälle, wie z.B. in Tiefgaragen, muss mit der Tauchsonde Meter für Meter in den Bereich vorgerückt werden.

Grundsätzlich gilt: Die Tauchsonde geht vor!

6.3 Messbereich

Der Messbereich entspricht „übersetzt“ der Spannungsebene und der Messumgebung, für die ein Spannungswarner vorgesehen ist:

- Spannungswarner dürfen nur in Anlagen bis maximal 1.000 V AC/ 1.500 V DC verwendet werden.
- Der Temperaturbereich zur Verwendung ist –15° C bis +55° C.

Ein Spannungswarner MUSS

- gefährliche Spannungen ab AC 25 Volt oder DC 40 Volt, bis 1.000/1.500 Volt – jederzeit (im Wasser) erkennen,
- zuverlässig optischen und ggf. akustischen Alarm geben,
- seinen Betriebszustand auf Messfähigkeit ununterbrochen selbst überprüfen (durch seine Eigenprüfeinrichtung),
- permanent messen, also ununterbrochen das Wasser überwachen (vom Anfang bis zum Ende des Einsatzes!),
- nach einer Produktschulung (nach GS-ET-43 4.7) einfach und intuitiv zu bedienen sein,
- über eine Erdungsklemme geerdet werden,
- mit einer „Tauchsonde“ ausgestattet sein.

Technische Details siehe Gebrauchsanweisungen der Hersteller.

6.4 Messgrundsatz Spannungsfreiheit?

Ein Spannungswarner misst keine Spannungsfreiheit, auch wenn es umgangssprachlich und zum besseren Verständnis oft so genannt wird. Er erkennt eine voreingerichtete, nicht veränderbare Spannungsschwelle und gibt bei entsprechender Überschreitung Alarm → er „warnt“ vor gefährlicher elektrischer Spannung.

6.5 Wer darf den Spannungswarner anwenden?

Nach GS-ET-43 dürfen autorisierte Personen, auch Laien, Spannungswarner anwenden.

Dafür müssen verschiedene Punkte erfüllt sein:

- Teilnahme an der Hersteller-Produktschulung.
- Die Hersteller-Produktschulung wird z.B. durch eine Elektrofachkraft oder den Hersteller selbst durchgeführt. Die schriftliche Dokumentation der Produktschulung enthält die Autorisierung.
- Autorisierung im Einsatz durch eine Führungskraft.

Die Produktschulung nach GS-ET-43 4.7 behandelt umfassend

- den Anwendungsbereich und Grenzen der Anwendung,
- allgemeine elektrische Gefährdungen,
- elektrische Gefährdungen an der Einsatzstelle,
- sichere Anwendung (Theorie),
- sichere Anwendung (Übung/Praxis).

Die schriftliche Bestätigung der Teilnahme an einer Produktschulung autorisiert die Einsatzkraft zur Anwendung eines Spannungswarners.

6.6 Punktuelles Messen

Mit dem punktuellen Messen ist im Prinzip das Antasten von Punkten bzw. Festkörpern, die in elektrisch leitender Verbindung mit dem überfluteten Bereich sind, gemeint.

Dieses punktuelle Messen, das Antasten von Festkörpern mit der Tauchsonde selbst, ist bauartbedingt zum Zeitpunkt der Drucklegung nur mit dem DSP-HW 2 der Rudolph Tietzsch GmbH & Co. KG möglich.

Abbildung 40: Punktuelles Messen (Quelle: Rudolph Tietzsch GmbH & Co. KG)

Diese Form der Messung ist nur eine Momentaufnahme. Sie ist nicht Teil des GS-ET-43, sondern eine Zusatzfunktion des Spannungswarners.

Die punktuelle Messung z.B. an Handläufen und Geländern, die in das zu überprüfende Wasser gehen, ist eine sinnvolle Maßnahme.

Mit dem P2 der Martina Zimmermann GmbH können Festkörper nur mit dem Zubehör P2-Solid, mit einer zweiten Klemme, angetastet werden.

Beide Varianten sind eine sinnvolle Funktion der Spannungswarner.

6.7 Antasten von leitfähigen Objekten

Jedes leitfähige Objekt, jeder leitfähige Gegenstand, kann unter Spannung stehen. Besonders bei Überflutungslagen können in das Wasser ragende Objekte gefährliche elektrische Spannung führen.

Abbildung 41:
Spannungswarner Typ Tietzsch DSP-HW 2
(Quelle: Rudolph Tietzsch GmbH & Co. KG)

Um diese Gefahr zu erkennen, können mit einem Spannungswarner auch Objekte angetastet werden.

Jedes leitfähige Objekt kann angetastet werden – wenn es nicht Teil einer elektrischen Einrichtung oder Elektroinstallation ist!

Das Antasten eines Objekts mit einem Spannungswarner ist möglich, wenn es der bestimmungsgemäßen Verwendung des Geräts entspricht. Gegebenenfalls ist hierfür Zubehör notwendig, das nicht Inhalt des DGUV GS-ET-43 ist.

6.8 Sicherheitsregeln

Die fünf Sicherheitsregeln der Elektrotechnik – grundsätzlich zu beachten!

Regel 1: Freischalten
Regel 2: Gegen Wiedereinschalten sichern
Regel 3: Spannungsfreiheit feststellen
Regel 4: Erden und kurzschließen
Regel 5: Benachbarte unter Spannung stehende Teile abdecken oder abschranken

6.8.1 Die fünf Sicherheitsregeln bei Überflutung

Ob die Einhaltung bei Überflutungslagen sinnvoll oder überhaupt möglich ist, wird in der Folge beschrieben:

Zu Regel 1: Freischalten wäre das Beste. Aber unbekannte Einspeisungen, PV, USV, BHKW etc., die gefährliche elektrische Spannung ins Wasser abgeben, werden dadurch nicht berücksichtigt. Das Freischalten von Gebäuden oder Gebäudeteilen durch den Energieversorger ist aus den vorgenannten Gründen keine Garantie für Spannungsfreiheit im überfluteten Bereich.

Zu Regel 2: Ist – wie zu Regel 1 – kaum machbar. Die Stellen, an denen der Schutz gegen Wiedereinschalten eingerichtet werden müsste, sind ja bereits überflutet oder im überfluteten Bereich.

Zu Regel 3: Wird mit einem Spannungswarner festgestellt. Gemäß GS-ET-43 lässt sich sicher feststellen, ob gefährliche elektrische Spannung im Wasser vorhanden ist.

Zu Regel 4: Bei Überflutungslagen unmöglich (siehe zu Regel 2).

Zu Regel 5: Bei Überflutungslagen unmöglich (siehe zu Regel 2).

6.8.2 Anwendbarkeit der fünf Sicherheitsregeln

Der Umgang mit den fünf Sicherheitsregeln ist pragmatisch zu handhaben. Dass diese Regeln sich ausschließlich auf trockene und normgerecht errichtete elektrische Anlagen beziehen, sollte klar sein.

Die Regeln lassen sich nicht einfach auf nasse, überflutete Bereiche anwenden. Das Messen/Prüfen/Arbeiten (arbeiten unter Spannung) in nassen Bereichen wird in allen einschlägigen Normen und Vorschriften ganz klar ausgeschlossen.

Spannungswarner Wasser nach GS-ET-43 schließen genau diese Lücke und sind eben genau dafür (Nassbereiche) ausgelegt.

6.8.3 Der gesunde Menschenverstand

Am Ende steht immer die Frage: Wer haftet und warum? Verschiedenste Vorschriften sehen auch den Punkt der Haftung vor. In eben diesen Vorschriften ist es immer die Einsatzleitung, die verantwortlich ist für die Herangehensweise der Einsatzkräfte und deren erlittenen Schaden. Oberste Priorität hat es, gefährliche elektrische Körperdurchströmung in jedem Fall mit den dafür geeigneten und vorgesehenen Mitteln zu vermeiden.

Zu den Menschen, die meinen, dass ein entsprechendes Gerät nichts bringe, kann man nur sagen: „Das erzähl‘ mal den durch elektrische Spannung in Wasser verletzten Leuten und den Angehörigen der getöteten Einsatzkräfte, Zivilpersonen, Handwerker usw., die durch einen Spannungswarner hätten gerettet oder verschont werden können.“

Im Verhältnis: Eine Minute Arbeit zur Inbetriebnahme eines Spannungswarners steht im Zweifelsfall einem Menschenleben gegenüber.

6.9 Selbstkontrolle und Testfragen

(Lösungen siehe Seite 102)

1. Was ist bei der Inbetriebnahme eines Spannungswarners zu beachten?

a) Es gibt nichts Besonderes zu beachten.
b) Dass die Gebrauchsanweisung bereit liegt.
c) Details zur Inbetriebnahme müssen der Gebrauchsanleitung (z.B. Kurzanleitung auf dem Gerät) entnommen werden.
d) Details zur Inbetriebnahme müssen beim Hersteller abgefragt werden.

2. Was sind geeignete Erdungspunkte?

a) Jeder elektrisch leitfähige Kontakt, der nicht selbst im zu prüfenden Wasser ist oder hineinragt.
b) Elektrische Kontakte.
c) Jeder elektrisch leitfähige Kontakt.
d) Nur ein Kreuzerder ist ein geeigneter Erdungspunkt.

3. Wer darf Spannungswarner anwenden?

a) Nur Feuerwehrleute dürfen Spannungswarner im Einsatz anwenden.
b) Elektriker und Elektrofachkräfte dürfen Spannungswarner anwenden.
c) Autorisierte Personen, auch Laien, dürfen Spannungswarner anwenden.
d) Ausschließlich speziell ausgebildete BOS-Einsatzkräfte dürfen Spannungswarner einsetzen.

7 Einsatzlagen

Der Klassiker der Überflutungslage ist wohl der mit Wasser vollgelaufene Keller. Aus den unterschiedlichsten Gründen kann es zur Havarie gekommen sein – die Folgen sind für die Einsatzkräfte fast immer gleich. Das Wasser muss raus!

Wir betrachten im folgenden Kapitel nur die elektrischen Gefahren an der Einsatzstelle. An verschiedenen Orten und bedingt durch verschiedene Arten, wie das Wasser eingedrungen ist bzw. eingebracht wurde.

Auf den Pumpeneinsatz an sich, PSA-Equipment und sonstige technische Hilfsmittel sowie Ausführungsprioritäten wird nicht eingegangen, da diese Punkte bereits unter anderem in den Feuerwehr-Dienstvorschriften (FwDV) verankert sind.

Grundsätzlich gilt natürlich, dass überflutete Bereiche nicht betreten oder berührt werden dürfen. Ein Pumpeneinsatz, Menschenrettung oder sonstige Maßnahmen verlangen jedoch, dass Einsatzkräfte zumindest kurzzeitig mit dem potenziellen Gefahrenbereich in Berührung kommen. Das ist in der Praxis nicht vermeidbar.

Abbildung 42:
Warnschild „Überflutung"
(Quelle: Thomas Zimmermann)

Abbildung 43:
Warnschild „Warnung vor elektrischer Spannung" (Quelle: ecomed SICHERHEIT)

Routine birgt besondere Gefahren!

Das „einfach" in einen Raum Hineingehen ist es, was diesen Automatismus, die Routine, ausmacht.

Auch wenn die Situation im ersten Moment nicht als gefährlich erkannt oder wahrgenommen wird – gerade im Flachwasser können überflutete Elektrogeräte, am Boden liegende Mehrfach-Steckdosen und sonstige elektrische Einrichtungen die gesamte von ihnen ausgehende elektrische Spannung auf kleinstem Raum abgeben. Im Nahbereich dieser Objekte wird es also gerade bei niedrigem Wasserstand besonders gefährlich. Ein geringer Wasserstand ist nicht zu unterschätzen.

Der Grund ist, dass der „elektrische Leiter" (das Wasser) sich bei niedrigem Wasserstand zwar über eine große Fläche ausbreitet, die Spannung im Nahbereich (bei Annäherung) allerdings mit steilerer Kurve ansteigt als bei hohem Wasserstand (Stichworte Querschnitt und Spannungstrichter).

Der Unterschied zwischen hohem und niedrigem Wasserstand

Der bei hohem Wasserstand „zur Verfügung stehende" Volumenkörper besitzt im Querschnitt natürlich auch eine größere Fläche, über die die elektrische Spannung sich verteilen und abgeleitet werden kann. Die Spannung hat hier über die größere Fläche wesentlich mehr Möglichkeiten, gegen die Erde abzufließen.

Bei geringem Wasserstand ist der Querschnitt durch die überflutete Fläche deutlich kleiner und die Spannung fließt über eine kleinere Fläche ab. Genau dieser Bereich würde dann berührt, da die verbleibende Fläche der Fußboden ist. Beim Betreten ergibt sich dann die tückische Schrittspannung. Dies ist der häufigste Stromunfall im Einsatz – ein Kribbeln in den Füßen!

Das Verhalten elektrischer Spannung in Wasser ist **NICHT** auf elektrische Einrichtungen und elektrische Leiter übertragbar!

Ein Spannungstrichter bildet sich in jedem Fall – von der Quelle aus.

Kavitationseffekt

Der Kavitationseffekt tritt auf, wenn durch Kontakte von Steckdosen, und auch sonstigen blanken Leitern, elektrische Spannung in das Wasser abgegeben wird.

Es handelt sich dabei um Kavitation durch Elektrolyse, bedingt durch elektrischen Stromfluss. Das Wasser wird dabei in seine stofflichen Bestandteile zerlegt und zusätzlich, wie mit einem Tauchsieder, erwärmt.

Als Beispiel – eine angeschlossene Mehrfachsteckdose unter Wasser

Zwischen der Phase und dem Neutralleiter fließt Strom. Dieser erhitzt sofort das Wasser zwischen den Kontakten in der Steckdose.

Das zwischen den Kontakten stehende Wasser wird zudem in seine Bestandteile zerlegt – Wasserstoff und Sauerstoff. Die so mit Wechselspannung erzeugte Elektrolyse ist allerdings verhältnismäßig schwach (was die Gasproduktion betrifft).

Allerdings ist der Vorgang (Stromfluss) ausreichend, um eine sich ständig wiederaufbauende Gasblase um die Kontakte zu erzeugen, die bei erreichtem kritischem Zustand dann in einer lauten Reaktion zusammenbricht, um danach sofort wieder aufgebaut zu werden. (Anm.: Hierbei wird das bekannte „Schmurgelgeräusch“ erzeugt.)

Bei diesem Vorgang legen sich Gasblasen um den Kontakt und erhöhen den Übergangswiderstand für den Strom im Wasser. So wird unter Umständen die Auslösung eines RCD verhindert, da nicht viel (<30 mA) Strom den Erdungskontakt erreicht, sehr wohl aber ins Wasser abgegeben wird.

Vorsicht: Auch <30 mA bei 230 Volt AC im Wasser sind lebensgefährlich!

Je höher die Spannungsebene, desto stärker ist der Kavitationseffekt.

7.1 Keller

Auch bei niedrigen Wasserständen ist die Gefahr der elektrischen Spannung in Wasser vorhanden.

Abbildung 44: Geringer Wasserstand (Quelle: iStock)

Selbst wenn ein niedriger Wasserstand zunächst harmlos erscheint, ist es doch genau diese Situation, in der erfahrungsgemäß die meisten Unfälle mit gefährlicher elektrischer Spannung in Wasser passieren.

Dies betrifft Situationen, wo bereits das Restwasser entnommen werden soll sowie auch bei einem verhältnismäßig geringen Wassereintrag. Eine am Boden liegende angeschlossene Mehrfachsteckdose kann schon bei wenigen Millimetern Wasserstand eine tödliche Spannung ins Wasser abgeben.

7.2 Gebäude

Nicht nur der Keller – auch das Gebäude selbst kann großflächig betroffen sein.

Abbildung 45: Spannungswarner Typ Zimmermann P2 (Quelle: Stefan Kettner)

Bei Großschadenlagen können enorme Flächen überflutet sein. Aber selbst, wenn alle umliegenden Keller unter Wasser stehen, Straßen und Gebäude überflutet sind und scheinbar nichts mehr funktioniert – elektrische Anlagen können immer noch unter Spannung stehen.

Große Gefahr geht in diesem Fall von nicht abschaltbaren PV-Anlagen, Blockheizkraftwerken und unbekannten Einspeisungen aus. Der Einsatz eines Spannungswarners wäre in diesen Situationen ratsam.

7.3 Löschwasser

Dieser Fall gehört zu denen mit geringem Wasserstand, aber hohem Gefahrenpotenzial.

Abbildung 46: Ausgelöste Sprinkleranlage (Quelle: iStock)

Kaum zu glauben, aber wahr: Die meisten Wahrnehmungen elektrischer Spannung durch Kribbeln in den Füßen oder Händen passieren hier!

Der Grund ist die Durchsetzung der gesamten Gebäudehülle und des Gebäudes selbst mit Löschwasser. Auf diese Art werden natürlich auch alle elektrischen Einrichtungen vom Wasser erreicht. Spannung kann nun überall auftreten – Fußböden (Schrittspannung), Geländer, Handläufe und Zink-Fensterbretter sind Gefahrenstellen.

Löschschaum ist noch leitfähiger als Wasser!

7.4 Photovoltaik-Anlagen

Welche elektrische Spannung eine Photovoltaikanlage generiert, hängt von ihrem Verwendungszweck ab. Handelt es sich um eine Inselanlage, die für eine (begrenzte) Versorgung von Stromverbrauchern in direkter räumlicher Nähe dient, oder um eine typische Photovoltaikanlage, die zur Einspeisung von Strom ins öffentliche Netz gedacht ist?

7.4.1 Photovoltaik – besondere Gefahren im Einsatz

Photovoltaikmodule

PV-Module produzieren eine elektrische Spannung, sobald Licht auf sie fällt. Es fließt dann sofort Strom.

Die Ausgangsspannung eines einzelnen PV-Moduls beträgt 30–50 Volt Gleichspannung (DC). Diese Spannung ist zunächst völlig unkritisch, sie entspricht der Schutzkleinspannung, wie sie z.B. von elektrischen Schweißgeräten bekannt ist. Zum Vergleich: Die zulässige Berührungsspannung für den Menschen (erwachsen, trockene, gesunde Haut und Normalbedingungen) beträgt 120 Volt DC bzw. 50 Volt AC (Wechselspannung, 1–1.000 Hz).

Photovoltaikanlagen

Bei solchen Anlagen kann eine erhebliche elektrische Gefährdung auftreten, da die erforderliche Eingangsspannung für den nachgeschalteten elektrischen Wandler (DC/AC Sinus-Wechselrichter) 500 bis 1.000 Volt DC beträgt. Dafür werden die einzelnen Module zu PV-Strängen zusammengeschaltet, sodass die erforderliche Eingangsspannung von 500 bis 1.000 Volt erreicht wird. Hier besteht also immer die Gefahr der Berührung spannungsführender Teile mit bis zu 1.000 Volt DC.

Inselanlagen

Nicht der typische, aber doch ein häufiger Anwendungsfall der Photovoltaik ist die Insel- oder Off-Grid-Anlage. Darunter versteht man kleine Photovoltaikanlagen, die als Stromlieferanten für begrenzte Zwecke ausgeführt sind, z.B. für Ferienhäuser, Boote, Wohnmobile usw., wo kein Netzanschluss vorhanden ist. Inselanlagen versorgen normalerweise Gleichspannungsverbraucher und/oder kleine Batteriesysteme, die eine Spannung von 12 oder 24 Volt DC verlangen. Bei Bedarf kann ihre Spannung aber auch durch einen Sinuswechselrichter auf 230 Volt AC umgerichtet werden.

Balkonkraftwerk

Diese kleinen PV-Anlagen sind sehr beliebt. Aus einem oder wenigen PV-Modulen mit verhältnismäßig geringem Stromertrag wird die Spannung mit einem Sinuswechselrichter auf 230 Volt AC umgerichtet und über eine spezielle Steckvorrichtung Strom direkt ins Stromnetz eingespeist.

Problematisch an diesen Anlagen ist, dass sie, wenn sie ans heimische Stromnetz angeschlossen sind, auch unwissentlich als „Inselanlage“ betrieben werden können, unabhängig von der normalerweise zum Betrieb nötigen Netzfrequenz – und völlig autark Strom liefern.

Das heißt: Selbst, wenn das Gebäude freigeschaltet wird, liefert diese Anlage noch 230 Volt AC! Wenig Strom – aber genug, um Verletzungen oder Schlimmeres durch einen Stromschlag zu verursachen.

In der Praxis heißt das: Reicht nicht für einen Fernseher, reicht aber um dich umzubringen!

Wechselrichter müssen zwar, sobald sie vom Stromnetz getrennt werden bzw. die Netzfrequenz von 50 Hz verlieren, den 230 Volt AC Ausgang trennen. Dies ist aber oft nicht der Fall – und wer will dafür im Einsatz garantieren?

7.4.2 Überflutete Photovoltaik-Anlagen

Ein denkbar komplizierter Fall. Die Anlage kann nicht freigeschaltet werden. Jedes einzelne Modul liefert Strom, egal wo und ob eine Trennung vom Netz oder untereinander erfolgt!

Abbildung 47: Überflutete PV-Anlage (Quelle: iStock, Bilanol)

Wenn das Betreten der Anlage, aus welchem Grund auch immer, nötig ist, bleibt nichts anderes übrig:

Nur unter Verwendung eines Spannungswarners vorrücken!

Um einen Potenzialunterschied (Spannung) messen zu können, kann die Erdung in diesem Fall z.B. auch am metallischen Rumpf eines Berge- oder Rettungsboots angeschlagen werden.

7.5 HV-Fahrzeuge

Die Bezeichnung „Hochvolt“ (HV) in der Fahrzeugtechnik kann im ersten Moment verwirren und einschüchtern. Wenn die Zahlenwerte der verwendeten Spannungen genau betrachtet werden, findet man sich allerdings im normativen Niederspannungsbereich der Elektrotechnik wieder.

7.5.1 Überflutete HV-Fahrzeuge

Hochvolt umfasst:
Gleichspannung (DC) größer 60 Volt und kleiner 1.500 Volt
Wechselspannung (AC) größer 30 Volt und kleiner 1.000 Volt

Die Bezeichnung Hochvolt (HV) und deren Werte gelten ausschließlich in der Fahrzeugtechnik, insbesondere bei Hybrid- und Brennstoffzellentechnologie sowie Elektrofahrzeugen.

Abbildung 48: E-Auto überflutet (Quelle: iStock)

Ob bereits Stromunfälle mit HV-Fahrzeugen im Wasser passiert sind, ist ungewiss. Ob überhaupt Spannung ins Wasser abgegeben werden kann? Bekanntlich ist nichts unmöglich, aber in diesem Fall schon extrem unwahrscheinlich.

Um den Einsatzkräften „OK/NOK“ anzuzeigen, kann ein Spannungswarner eingesetzt werden.

Elektrische Gefährdung bei Hybrid- und Elektrofahrzeugen

Eine elektrische Gefährdung (bei Arbeiten) am HV-System liegt vor,

- wenn eine Spannung zwischen den aktiven Teilen ab 60 Volt Gleichspannung (DC) oder 30 Volt Wechselspannung (AC) besteht,
- der Kurzschlussstrom an der Arbeitsstelle den Wert von 3 mA Wechselstrom (AC) oder 12 mA Gleichstrom (DC) übersteigt,
- die Energie mehr als 350 mJ (Millijoule) beträgt (das entspricht 0,35 Wattsekunden).

Die Gefahr eines Stromschlags an einem verunfallten HV-Fahrzeug ist äußerst gering – aber technisch nicht unmöglich.

Spannungswarner sind mit entsprechendem Zubehör durchaus in der Lage, an jeden beliebigen Festkörper anzutasten. Auch für HV-Fahrzeuge ist das möglich – vorwiegend, um den Einsatzkräften eine Anzeige zu geben, ob Spannung am Fahrzeugkörper vorhanden ist. Dieses Zubehör ist nicht Teil des GS-ET-43.

Es gelten die bekannten Einsatzregeln, die auch Inhalt der DGUV Information 205-022 sind, sowie alle darin enthaltenen Verweise.

7.5.2 Antasten von HV-Fahrzeugen

Die HV-Technologie, E-Fahrzeuge, Hybrid und alternative Antriebe sind per se sicher! Es gehen von verunfallten Fahrzeugen mit fahrzeugseitig ausgelösten Sicherheitseinrichtungen wie z.B. einem Airbag und nach dem Trennen der Pilotlinie oder manuellem Disconnect **keine** besonderen elektrischen Gefahren aus.

Das Antasten eines HV-Fahrzeugs dient vor allem dazu, den Einsatzkräften die noch vielfach vorhandene Unsicherheit, ob „nicht vielleicht doch", „ist wirklich alles aus?", zu nehmen. Die Anzeige zeigt, dass eben keine gefährliche Spannung anliegt und der Einsatz völlig normal abgearbeitet werden kann. Im unwahrscheinlichen Fall, dass gefährliche elektrische Spannung am Fahrzeugkörper anliegt, gibt der Spannungswarner entsprechend Alarm.

Abbildung 49: Zimmermann P2-Solid Klemme (Quelle: Thomas Zimmermann)

Wie im Bild zu sehen, ist das sichere Antasten eines HV-Fahrzeugs über ein leitfähiges, zum Fahrzeugkörper gehörendes Bauteil leicht möglich.

7.6 Straßenland

Unbekannte Einspeisungen machen die Lage gefährlich. Wie man auf der folgenden Abbildung erkennen kann, ist die Beleuchtung der Unterführung zur Einfahrt der Tiefgarage noch in Betrieb. Doch woher bezieht sie ihren Strom? Da dies im Einsatz nicht sicher festgestellt werden kann, ist der Einsatz eines Spannungswarners sinnvoll.

Abbildung 50: Spannungswarner Typ Zimmermann P2 (Quelle: FF-Zug, Schweiz)

Auch die Straßenbeleuchtung, die erst bei Dämmerung zugeschaltet wird, ist eine nicht zu unterschätzende Gefahr bei überflutetem Straßenland. Weitere mögliche elektrische Gefahren sind: Baugruben mit freigelegten, aber überfluteten Erdkabeln, Stromkästen am Straßenrand und viele andere nicht auf den ersten Blick erkennbare Einspeisungen.

Im Außenbereich ist die Lage durch Dämmerungs- und Zeitschaltungen noch schwerer einzuschätzen als in Gebäuden.

7.7 Tiefbau

Das mit einer Baggerschaufel beschädigte, unter Spannung stehende Erdkabel. Keine Überflutung, aber nicht weniger tückisch, denn es könnte sich ein Spannungstrichter ausbilden. Durch feuchtes Erdreich entsteht eine der Überflutungslage sehr ähnliche Situation.

Abbildung 51:
Beschädigtes Erdkabel
(Quelle: iStock)

Beschädigungen an Erdleitungen, die nicht sofort bemerkt werden, sind ein Risiko. Schnell ist eine Muffe undicht, eine Isolierung abgeschält und niemand bemerkt es. Erst, wenn Wasser ins Spiel kommt, wird es richtig gefährlich.

Schon bei Regen und nassem Erdreich breitet sich der Spannungstrichter aus. Erst recht, wenn die Baugrube voll Wasser läuft.

Wer kann schon dafür garantieren, dass alle eingebauten Leitungen dicht und in Ordnung sind?

Eine unter Wasser stehende Baugrube sollte schon deswegen mit einem Spannungswarner überprüft werden, weil nicht bekannte Beschädigungen von Erdleitungen ein großes Risiko darstellen.

7.8 Hochspannungsleitungen

Selten, kommt aber vor – ein umgestürzter Freileitungsmast.

Abbildung 52: Umgestürzte Hochspannungsleitung (Quelle: iStock)

Dies ist ein „klassischer“ Fall, bei dem sich ein Spannungstrichter bilden kann. Die Leitung, die Kontakt mit dem Boden hat, ist der Ursprung. In allen Fällen wird die Hochspannungsleitung freigeschaltet, um mit etwaigen Rettungsmaßnahmen beginnen zu können. Der Netzbetreiber sorgt für alle notwendigen Maßnahmen und Schritte.

Für die Einsatzkräfte kann es dennoch sinnvoll sein, eine Anzeige „OK/NOK“ durch einen Spannungswarner bereitzustellen, auch wenn die Spannungsebene des Spannungswarners massiv überschritten wird.

Besser der Spannungswarner raucht ab, als dass die Einsatzkräfte sich in Gefahr begeben!

7.8.1 Spannungstrichter

Beispiel: Abgerissene oder herabgefallene Hochspannungsleitung

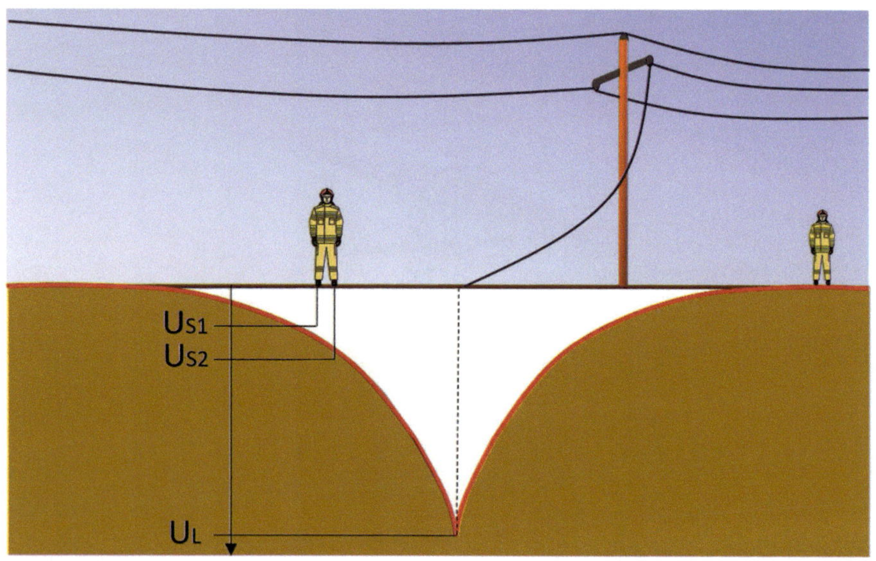

Abbildung 53: Spannungstrichter (Quelle: Thomas Zimmermann)

Ein Spannungstrichter (oder Potenzialtrichter) ist der Verlauf des elektrischen Potenzials in und um die Stelle, an der ein (Hochspannungs-) Leiter Kontakt mit dem Boden (der Erde) bekommt. UL ist die Gesamtspannung, US1 und US2 sind Teilspannungen (je nach Abstand) und bilden einen entsprechenden Potenzialunterschied – der die Schrittspannung darstellt. Im Wasser verhält es sich sehr ähnlich. Der Unterschied ist der sich als Volumenkörper in alle Richtungen ausbreitende Spannungstrichter – während sich auf dem Trockenen der Spannungstrichter ins Erdreich und an der Oberfläche ausbreitet.

Beide Versionen des Spannungstrichters sind nicht linear, sondern abhängig von der Leitfähigkeit des Erdreichs und/oder des Wassers.

7.8.2 Abtasten von Spannungstrichtern

Spannungstrichter können bei geeigneten Bodenverhältnissen mit einem Spannungswarner abgetastet werden.

Zur Hilfe kommt hier die spezielle Eigenschaft der Geräte – die Messkreisüberprüfung. Ob das Erdreich oder der Boden, auf dem ein Spannungstrichter abgetastet werden soll, auch leitfähig genug dafür ist, zeigt der Spannungswarner durch seine Überprüfung des Messkreises an.

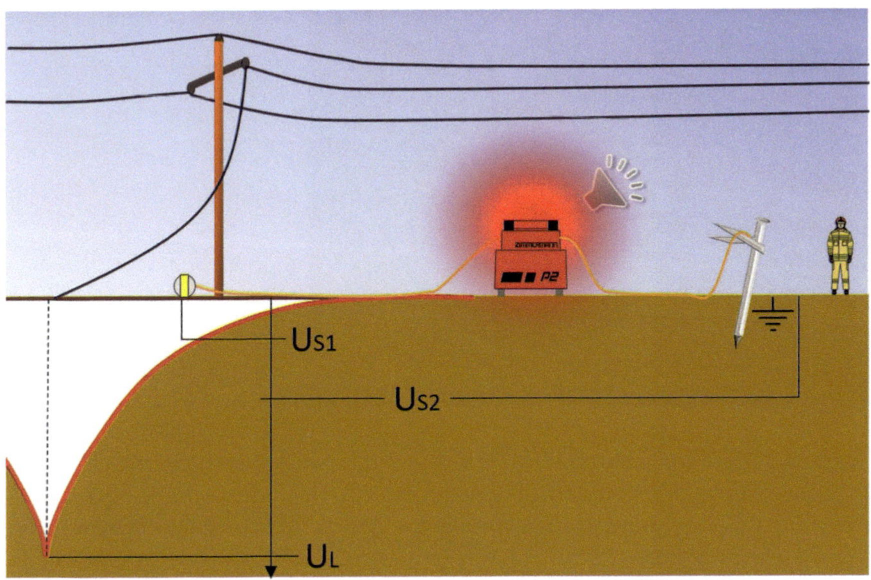

Abbildung 54: Abtasten von Spannungstrichtern (Quelle: Thomas Zimmermann)

Unter Ausnutzung der gesamten Spannweite der Messleitungen kann mit einem Spannungswarner (P2) der Spannungstrichter abgetastet werden.

Hierbei gilt wieder, wegen der zu erwartenden, zu hohen Spannungsebene:

Besser der Spannungswarner raucht ab, als dass die Einsatzkräfte sich in Gefahr begeben!

7.9 Schwimmbäder

Beckenbeleuchtung oder Reinigungsroboter mit Fehlfunktion

Pumpen, Reinigungsroboter, Beleuchtung unterhalb der Wasseroberfläche und viele andere elektrische Einrichtungen können mit der Zeit undicht werden. Sie funktionieren aber nach wie vor und können Spannung an das Wasser abgeben.

Abbildung 55: Messung im Schwimmbad (Quelle: Thomas Zimmermann)

Tödlich verlaufene Stromunfälle in Schwimmbädern sprechen eine deutliche Sprache. Neben den vorgeschriebenen technischen Überprüfungen gehen Betreiber dazu über, mindestens von Zeit zu Zeit zu überprüfen, ob Spannung ins Wasser eingetragen werden kann bzw. wird.

7.10 Marinas

Gefahr durch unzureichend gewartete elektrische Einrichtungen

Mitteilung der Kantonspolizei Bern: Zwei Frauen und ein Hund sind am 15. Mai 2017 im Hafen von Neuenstadt nach einem schweren Unfall verstorben. Daraufhin wurde eine Untersuchung eingeleitet, um die Ursache der Todesfälle zu ermitteln. Gemäß dieser Untersuchung waren die Todesfälle auf ein Leck an der Stromversorgung zurückzuführen, das durch ein beschädigtes Stromkabel an der Hafenabsperrung verursacht wurde. Der Strom wurde dann über einen Steg in den See geleitet. Die beiden Frauen und der Hund, die mit dem Wasser an dieser Stelle in Berührung gekommen waren, erlitten dadurch einen Stromschlag und verstarben. Das Sicherheitssystem schaltete die elektrische Anlage nicht automatisch aus.

Abbildung 56:
Marina Steganschluss (Quelle: iStock)

7.11 Natürliche Gewässer

Marinas, Wassersportstätten und Badeseen besitzen häufig elektrische Einrichtungen, die direkt über und auch im Wasser errichtet und betrieben werden. Diese elektrischen Einrichtungen sind jahrelang der Witterung ausgesetzt. Hitze, Eisgang und Sturm belasten die Materialien und führen früher oder später zu Materialschwächen. Spannungswarner können auch hier durch eine sichere Anzeige „OK/NOK“ eine entsprechende Warnung oder Entwarnung geben.

Abbildung 57: Spannungswarner-Übung mit Rettungstauchern im Freiwasser (Quelle: Thomas Zimmermann)

Auch die elektrische Anlage z.B. eines gesunkenen Sportboots kann schon eine elektrische Gefahr für den Taucher darstellen, der Hebezeuge anschlagen will.

Ob und wie alle elektrischen Einrichtungen inklusive PV-Anlage abgeschaltet haben, ist nicht überprüfbar. Hier sollte ein Spannungswarner eingesetzt werden, um Sicherheit zu schaffen.

Um einen Potenzialunterschied (Spannung) messen zu können, kann die Erdung in diesem Fall z.B. auch am metallischen Rumpf des Bergeboots/Schiffs angeschlagen werden. Auch hier gilt: **Safety first!**

7.12 Industrielle Gewässer

Zu industriellen Gewässern gehören z.B. Auffangbecken und industriell genutzte, künstlich angelegte Wasserflächen und Zuläufe für Kraftwerke.

Abbildung 58: Kraftwerkszulauf mit Fischscheuchanlage (Quelle: Thomas Zimmermann)

Eine Fischscheuchanlage ist eine Einrichtung, um Fische zu vertreiben. So wird wirkungsvoll verhindert, dass sie z.B. in den Turbinen eines Kraftwerks ums Leben kommen.

Der hierfür verwendete elektrische Strom ist bei relativ hoher Spannung mit sehr kleinem Stromfluss angelegt, ähnlich wie ein Elektrozaun. Die Funktionsweise kann man gut vergleichen.

Fehlfunktionen könnten durch den netzgebundenen Betrieb sehr gefährlich werden. Um Menschen vor gefährlicher elektrischer Spannung im Nahbereich dieser Anlagen zu schützen, kommen Spannungswarner zum Einsatz.

7.13 Sturzflut

Durchbrechende und alles mitreißende Wassermassen

Auf den ersten Blick stellt sich hier die Frage: Was soll hier noch gemessen werden? Die Lage ist bei Überflutungen durch Sturzfluten unübersichtlich, da alles mitgerissen wird.

Abbildung 59: Baustelle Schachtkraftwerk (Quelle: Werner Gallbronner)

In der Abbildung ist aber sichtbar, dass ausgerechnet die Baustelleninstallation noch an der Spundwand und somit an ihren eigenen Leitungen hängt. Die Baustromverteilung ist wahrscheinlich noch spannungsführend und muss in jedem Fall bis zur sicheren Feststellung des Gegenteils so betrachtet werden!

Durch ansteigende Pegel, herabfallende elektrische Leitungen oder auch Wiedereinschalten kann gefährliche Spannung im Wasser auch plötzlich (wieder) auftreten!

Bei nötigen Arbeiten im Gefahrenbereich (z.B. Bergen oder Trennen der elektrischen Komponenten oder Anlagenteile) wäre der Einsatz eines Spannungswarners unerlässlich.

7.14 Selbstkontrolle und Testfragen

(Lösungen siehe Seite 102)

1. In welchem Wasser werden Spannungswarner eingesetzt?

a) Nur in Frischwasser.
b) In Süß- und Salzwasser.
c) Nur in demineralisierten flüssigen Medien.
d) In jedem flüssigen Medium.

2. Kann man mit einem Spannungswarner auch Festkörper antasten?

a) Nein, dafür sind die Geräte nicht geeignet.
b) Ja, ohne Einschränkungen.
c) Ja, wenn es der bestimmungsgemäßen Verwendung des Spannungswarners entspricht und er hierfür geeignet ist.
d) Nein, da sie keine Messspitzen besitzen.

3. Welche Überflutungssituation birgt die am meisten unterschätzten elektrischen Gefahren?

a) Geringe Wasserstände von wenigen Zentimetern.
b) Die totale Überschwemmung einer Straße.
c) Hoher Wasserstand im Keller.
d) Fließende Gewässer, die über die Ufer treten.

8 Verhalten im Alarmfall – wenn der Spannungswarner Alarm auslöst

Es existieren UVV-Anweisungen, wie man sich im Fall plötzlich auftretender elektrischer Spannung, während man sich selbst im Wasser aufhält, verhalten soll. Einige dieser Vorgaben bzw. Anweisungen lassen vermuten, sie wären von den Autoren des legendären Staplerfahrers Klaus verfasst worden. Um hier Klarheit zu schaffen, wird nur auf die tatsächlich sicheren und wirkungsvollen Maßnahmen eingegangen.

Abbildung 60: Spannungswarner P2 mit Anzeige Alarm (Quelle: Thomas Zimmermann)

So besagt z.B. eine dieser Anweisungen, den gefährlichen Bereich hüpfend zu verlassen. Wer das ausprobiert, wird feststellen, dass Stiefel und/oder Wathose stehen bleiben, während man im wahrsten Sinne des Wortes „aus der Hose springt"! Diese Methode ist als „nicht sicher" einzuordnen und kommt nur als allerletztes Mittel in Betracht.

Verhalten im Alarmfall, am Beispiel des Spannungswarners P2

Der Spannungswarner warnt ab 25 Volt AC und 40 Volt DC im Wasser.

Bei Alarm blinkt die Hochleistungs-LED **rot** und der Piezo-Summer gibt gleichzeitig einen 100 dB Intervallton ab.

ACHTUNG! Es besteht Gefahr bei Berührung

- des Messmediums selbst – des Wassers, in dem gemessen wird,
- der leitenden Teile (Handläufe, Geländer), Wasserrohre und Heizungsrohre aus Metall,
- der Maschinen oder Geräte, die im Wasser stehen – wie z.B. Waschmaschine, Wäschetrockner, Kühlschrank, Gefrierschrank usw.,
- von Wänden und Decken, Steckdosen, Steckdosenleisten auf dem Boden, Leuchten und Lampen.

Richtiges Verhalten bei Alarm

Wenn vom Spannungswarner Alarm gegeben wird, während sich Einsatzkräfte im Wasser aufhalten, gilt Folgendes:

ACHTUNG!

- Hände an den Körper! Die Arme vor der Brust verschränken, Beine zusammen und stehen bleiben!
- Unbedingt im Wasser bleiben!
- Sofort Maßnahmen zur Freischaltung einleiten!
- NICHT einfach den überfluteten Bereich verlassen!
- Keine Gegenstände berühren, auch nicht Wände oder Decken!

8.1 Spannungsfrei schalten – ja oder nein?

Grundsätzlich muss gemäß der fünf Sicherheitsregeln freigeschaltet werden. Im Einsatzgeschehen, bei Überflutungslagen, gerade bei Großschadenlagen, ist dies jedoch kaum möglich.

Im Zeitalter von PV, USV, BHKW und vielen anderen autarken spannungsführenden Systemen ist das Freischalten eines Gebäudes heute praktisch unmöglich geworden. Unmöglich im Sinne von „garantiert spannungsfrei".

Siehe auch DGUV Information 203-052 (BGI/GUV-I 8677), elektrische Gefahren an der Einsatzstelle, Modul 4, überflutete elektrische Anlagen.

Bevor überflutete Räume betreten werden, ist festzustellen bzw. sicherzustellen, dass keine gefährliche Spannung vorhanden ist.

Ein gefahrloses Betreten überfluteter Räume und Bereiche ist nur möglich, wenn mit einem speziell für diese Anwendung geeigneten Gerät durch eine autorisierte Einsatzkraft festgestellt wurde, dass keine gefährliche Spannung im Wasser vorhanden ist. Dies gilt insbesondere für Räume oder Bereiche, die nicht zweifelsfrei spannungsfrei geschaltet werden können.

Die elektrische Gefährdung bleibt auch dann bestehen, wenn das Gebäude vom Versorgungsnetz getrennt wurde!

8.2 Verlassen des überfluteten Bereichs

Der Bereich kann erst sicher verlassen werden, wenn festgestellt wurde, dass keine gefährliche Spannung mehr vorhanden ist!

Wenn nicht unmittelbar spannungsfrei geschaltet werden kann:

Sich mit sehr kleinen Schritten (Schiebeschritte) dem Ausstieg nähern! Die Schritte müssen kleiner sein als die Fusslänge, um vor gefährlicher Schrittspannung geschützt zu sein. Am besten die Beine aneinanderdrücken und mit den Sohlen über den Boden schleifen.

Es darf mit dem Körper keine Verbindung zwischen dem nassen und dem trockenen Bereich hergestellt werden! Ob mit Hüpfen oder einem beherzten Sprung – die Füße müssen gleichzeitig aus dem Wasser heraus und auf der trockenen Fläche aufkommen. **Achtung: Große Sturzgefahr!**

Leider existiert kein Patentrezept zum sicheren Verlassen eines unter Spannung stehenden, überfluteten Bereichs. Dafür sind die eintretenden Situationen zu unterschiedlich. Jeder Einsatzort ist anders, eine generelle Empfehlung kann nicht gegeben werden.

Fest steht allerdings, dass mit jeder Bewegung, die im unter Spannung stehenden Wasser ausgeführt wird, das Risiko eines Stromschlags steigt! Besser, wenn auch sehr schwer einzuhalten, ist es, so lange regungslos im Wasser zu warten, bis der Bereich freigeschaltet wurde.

Sekundärunfälle durch Stürzen sind in einer solchen Situation noch gefährlicher als „ohne Spannung" im Wasser. Denn dann ist der Stromschlag so gut wie sicher.

Die betroffene Person kann auch, wenn möglich, mit nicht leitfähigem Material aus dem Wasser gehoben werden (Beispiel: Großtierrettung) oder mit einer nicht leitfähigen Trage aus dem Wasser gezogen werden (z.B. Spineboard).

8.3 Reine Nervensache…

Solange der Alarm eines Spannungswarners von der betroffenen Person zu hören und zu sehen ist, ist noch nichts passiert.

Abbildung 61:
Reine Nervensache (Quelle: iStock)

Damit das auch so bleibt, gilt es Ruhe zu bewahren. Das ist leichter gesagt als getan, aber notwendig. Jede Bewegung, jeder Schritt könnte jetzt eine potenziell tödliche Schrittspannung ermöglichen. Jede Berührung eines Gegenstands, der Decke oder der Wand könnte durch den dadurch geschlossenen Stromkreis tödlich enden.

Es hilft nichts. Jetzt muss erst für Freischaltung gesorgt werden. Der Spannungswarner zeigt sofort an, wenn keine gefährliche Spannung mehr vorhanden ist. So lange muss man leider im Wasser bleiben, idealerweise mit den Armen am Körper und beieinanderstehenden Füßen.

8.4 Selbstkontrolle und Testfragen

(Lösungen siehe Seite 102)

1. Ab welcher Spannung warnt ein Spannungswarner?

a) Der Spannungswarner warnt ab 25 Volt AC und 40 Volt DC.
b) Der Spannungswarner warnt ab 40 Volt AC und 60 Volt DC.
c) Der Spannungswarner warnt ab 60 Volt AC und 60 Volt DC.
d) Der Spannungswarner warnt ab 50 Volt AC und 120 Volt DC.

2. Was ist bei „Alarm“ eines Spannungswarners besonders gefährlich und unbedingt zu vermeiden?

a) Das Verlassen des Einsatzorts aus Sicherheitsgründen.
b) Versuchen spannungsfrei zu schalten.
c) Weitere Spannungswarner einzusetzen, um einen gefährdungsfreien Bereich abzugrenzen.
d) Das Berühren von Gegenständen, Wänden oder Decken!

3. Was ist grundsätzlich zur Vermeidung elektrischer Gefahren einzuhalten (bei überfluteten Räumen)?

a) Überflutete Bereiche zum Arbeiten gut ausleuchten.
b) Den überfluteten Raum absperren und so stehen lassen.
c) Bevor überflutete Räume betreten werden, ist festzustellen bzw. sicherzustellen, dass keine gefährliche elektrische Spannung im Wasser vorhanden ist.
d) Bevor überflutete Räume betreten werden, ist festzustellen bzw. sicherzustellen, dass der Raum nicht überlaufen kann.

9 Grenzen der Anwendung

Spannungswarner dürfen

- nicht zur Erkundung benutzt werden,
- nicht in Ex-Schutz-Bereichen verwendet werden,
- nur in „ihrer“ Spannungsebene betrieben werden,
- gemäß ihrer bestimmungsgemäßen Verwendung genutzt werden.

Es gilt der Grundsatz:
Es wird nur dort gearbeitet, wo gemessen wird!
Es wird nur dort gemessen, wo gearbeitet wird!

9.1 Spannungswarner sind „nur“ ein Messmittel

Spannungswarner

- prüfen auf gefährliche Spannung – nicht auf Spannungsfreiheit,
- ermöglichen die Messung durch Laien nach einer (UVV) Unterweisung/ Produktschulung,
- sind nicht unzerstörbar,
- sind keine Alleskönner,
- sollen pfleglich, wie ein Messgerät, behandelt werden.

9.2 Spannungsebenen

Spannungswarner nach GS-ET-43 decken den gesamten Niederspannungsbereich ab.

Tabelle 1: Verschiedene Spannungsebenen

Normierte Spannungsebene	Gebräuchliche Spannungsebene	Spannung in Volt (Wechselspannung)
Hochspannung	Höchstspannung	110 bis 1.150 kV
	Hochspannung	35 bis 110 kV
	Mittelspannung	1 bis 35 kV
Niederspannung	Niederspannung	50 bis 1.000 Volt
	Hausinstallation	40 bis 400 Volt
	Kleinspannung	0 bis 50 Volt

Ausgelegt für den Niederspannungsbereich ist ein Spannungswarner nach GS-ET-43 für höhere Spannungsebenen nicht geeignet!

Trotzdem werden Spannungswarner auch in Bereichen eingesetzt, die potenziell höhere Spannungen führen können, wie z.B. in Industriebetrieben und sogar in Kraftwerken.

Die Anzeige der gefährlichen elektrischen Spannung erfolgt bei zu hoher Spannungsebene, wenn überhaupt nur sehr kurz, dann brennt die Elektronik des Geräts durch. Der Spannungswarner fällt komplett aus.

Bei Großschadenlagen, wie z.B. der Flutkatastrophe 2021, waren auch solche Bereiche überflutet, wo sich nicht klar erkennen ließ, mit welcher Gefahrenlage man es zu tun bekommen könnte. Bereiche mit höheren Spannungsebenen ließen sich nicht mehr klar erkennen oder abgrenzen. Der Tenor war: „Besser das Gerät raucht ab als der Mensch“!

9.3 Selbstkontrolle und Testfragen

(Lösungen siehe Seite 102)

1. Welche Spannungsebene decken Spannungswarner ab?

a) Den Hochspannungsbereich.
b) Den Höchstspannungsbereich.
c) Den Niederspannungsbereich.
d) Den Kleinspannungsbereich.

2. Welcher der folgenden Grundsätze gilt?

a) Erst einschalten, dann erden, dann arbeiten.
b) Es wird nur dort gearbeitet, wo gemessen wird! Es wird nur dort gemessen, wo gearbeitet wird!
c) Es wird nur dort gearbeitet, wo gut ausgeleuchtet ist.
d) Es wird nur dort gemessen, wo nicht gearbeitet wird.

3. Ist das Freischalten eines Gebäudes die Garantie für Spannungsfreiheit?

a) Nein, die elektrische Gefährdung bleibt auch dann bestehen, wenn das Gebäude vom Versorgungsnetz getrennt wurde.
b) Ja, es ist dann immer garantiert spannungsfrei.
c) Nur, wenn der Energieversorger freischaltet.
d) Nein, Gebäude können gar nicht freigeschaltet werden.

10 Literatur- und Quellenverzeichnis

Deutsche Gesetzliche Unfallversicherung e.V. (DGUV) Fachbereich Feuerwehren Hilfeleistungen Brandschutz „Fachbereich AKTUELL Spannungswarner für überflutete Bereiche FBFHB-002“ vom 06.07.2021

DGUV Information 203-052 „Elektrische Gefahren an der Einsatzstelle“, Modul 4

DGUV Vorschrift 49 „Feuerwehren“ § 26 (3)

DGUV Grundsatz 305-002 „Prüfgrundsätze für Ausrüstung und Geräte der Feuerwehr“

GS-ET-43 Grundsätze für die Prüfung und Zertifizierung von zweipoligen Spannungswarnern für überflutete Bereiche

FwDV 1: 8.4 „Feststellen der Spannungsfreiheit“, 3 „Einsatzablauf“

DIN VDE 0132 „Brandbekämpfung und technische Hilfeleistung im Bereich elektrischer Anlagen“

https://www.bgetem.de/redaktion/arbeitssicherheit-gesundheitsschutz/bilder/statistik-stromunfaelle/3-gemeldete-und-meldepflichtige-stromunfaelle.jpg

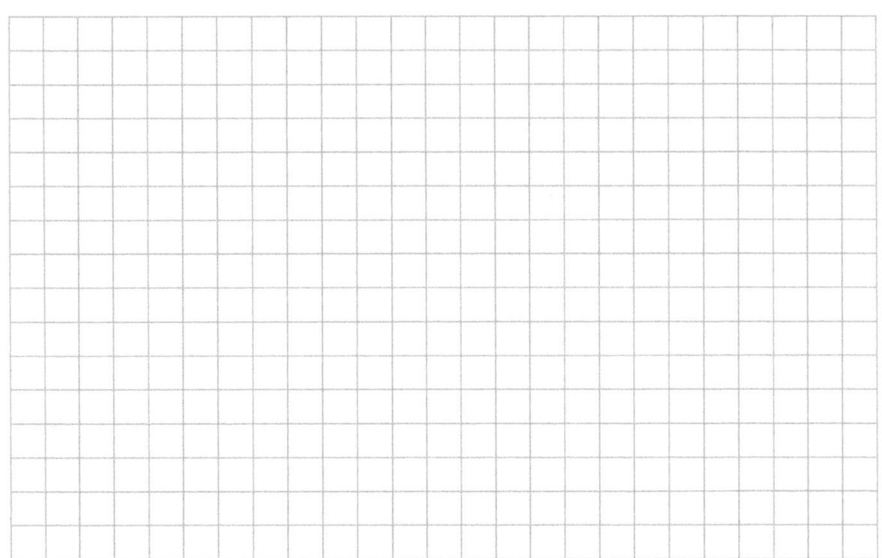

Lösungen

Lösungen zu Kapitel 2: 1. c); 2. d); 3. c)

Lösungen zu Kapitel 3: 1. c); 2. c); 3. a)

Lösungen zu Kapitel 4: 1. b); 2. b); 3. d)

Lösungen zu Kapitel 5: 1. c); 2. d); 3. b)

Lösungen zu Kapitel 6: 1. c); 2. a); 3. c)

Lösungen zu Kapitel 7: 1. d); 2. c); 3. a)

Lösungen zu Kapitel 8: 1. a); 2. d); 3. c)

Lösungen zu Kapitel 9: 1. c); 2. b); 3. a)

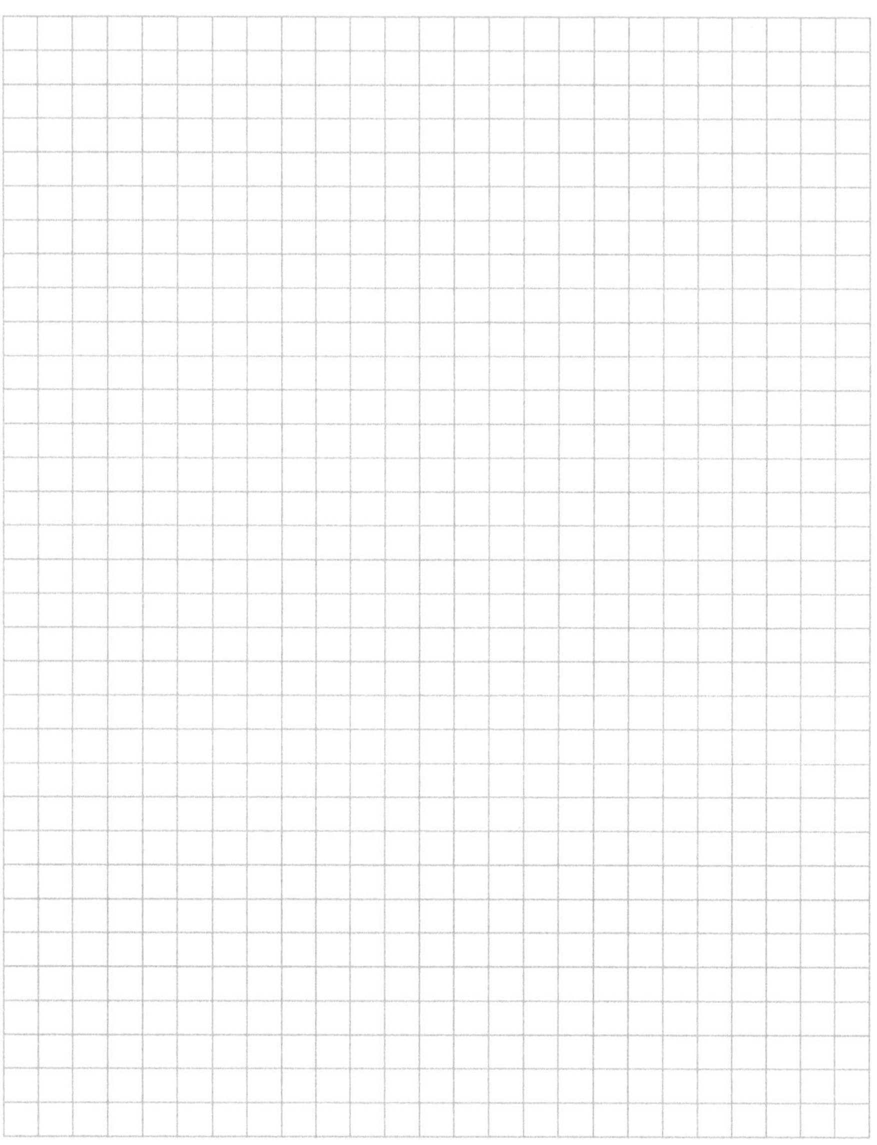

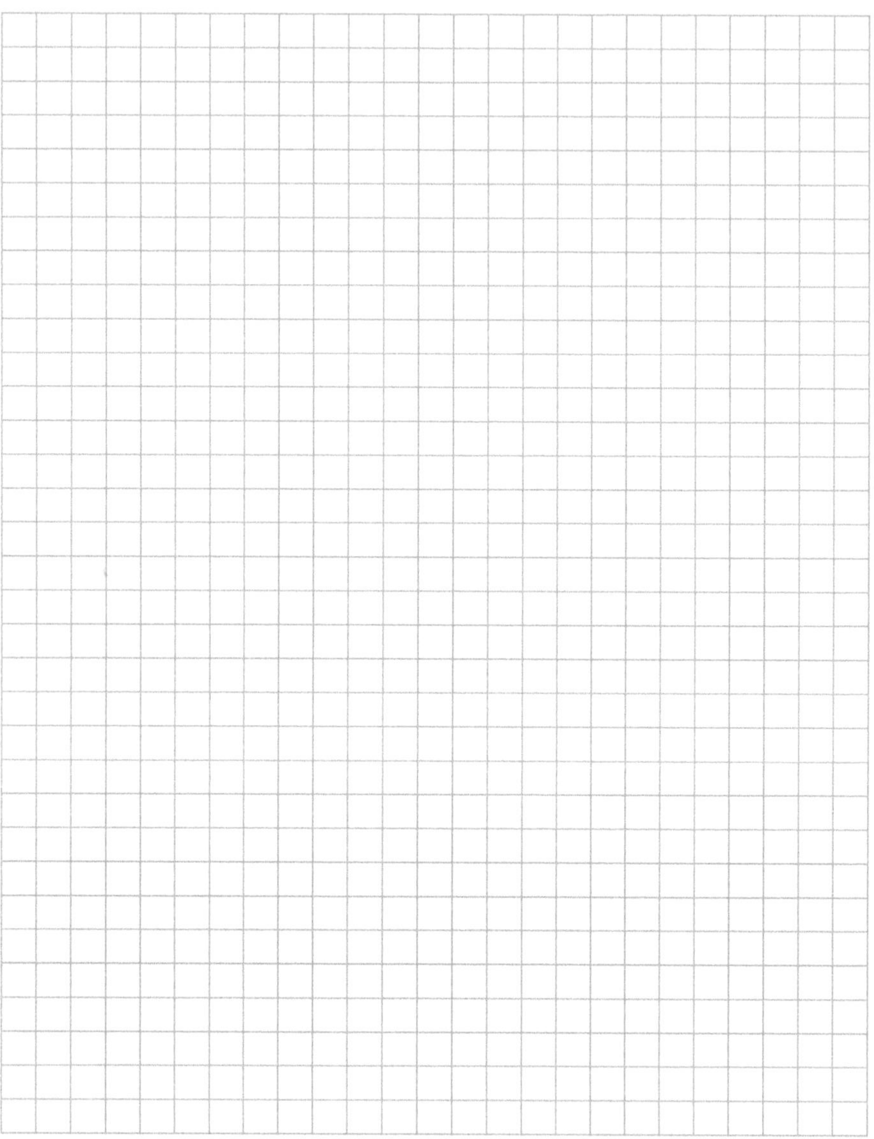

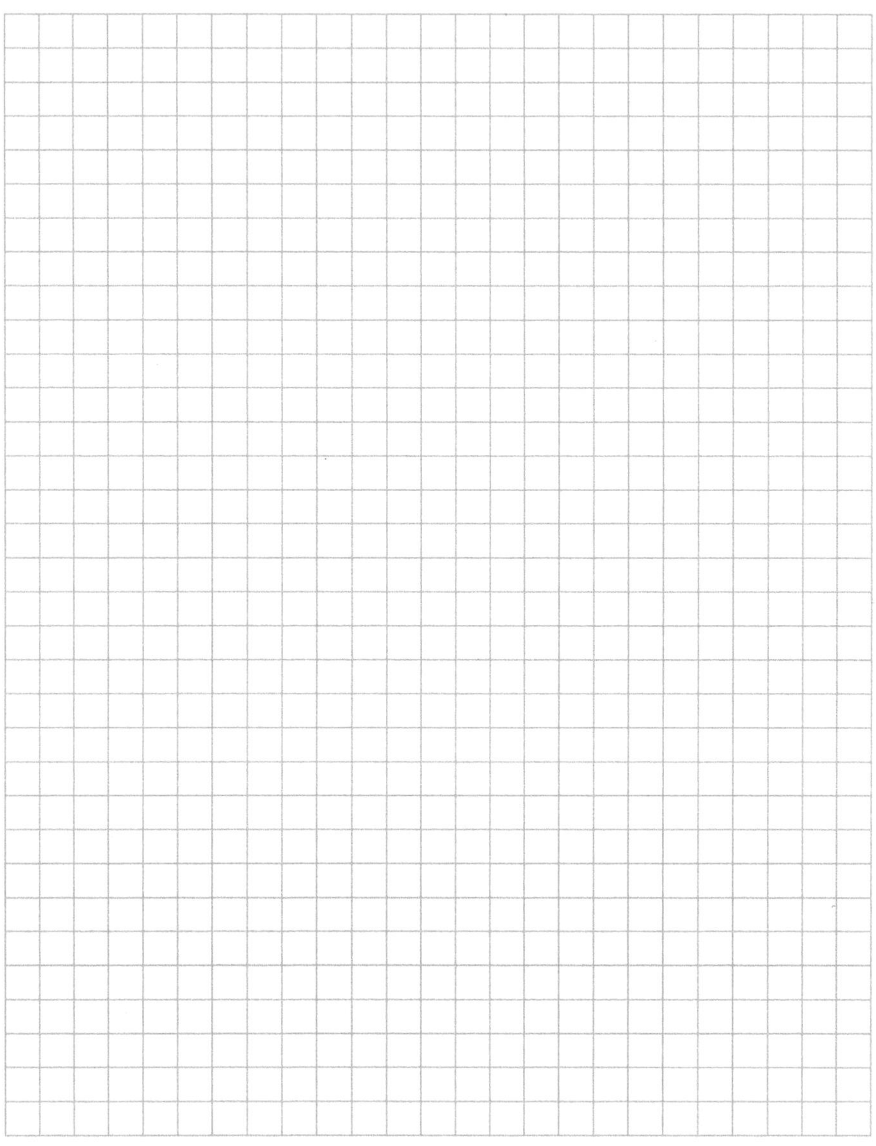